高等职业院校信息技术应用 "十三五"规划教材

计算机应用基础
任务式教程

（Windows 7+Office 2010）

（第2版）

Computer Technology

阮兰娟 宁武新 ◎ 主编

银霞 林立春 ◎ 副主编

人民邮电出版社

北 京

图书在版编目（CIP）数据

计算机应用基础任务式教程：Windows 7+Office 2010 / 阮兰娟，宁武新主编. -- 2版. -- 北京：人民邮电出版社，2019.9（2021.2重印）
高等职业院校信息技术应用"十三五"规划教材
ISBN 978-7-115-51564-3

Ⅰ. ①计… Ⅱ. ①阮… ②宁… Ⅲ. ①Windows操作系统－高等职业教育－教材②办公自动化－应用软件－高等职业教育－教材 Ⅳ. ①TP316.7②TP317.1

中国版本图书馆CIP数据核字(2019)第153047号

内 容 提 要

本书以微型计算机为基础，全面系统地介绍计算机基础知识及其基本操作。全书共 7 章，内容包括计算机基础概述、计算机系统知识、计算机资源管理、文字处理软件 Word 2010、电子表格软件 Excel 2010、演示文稿处理软件 PowerPoint 2010、计算机网络基础等。本书精选实用、可操作性强的系列工作任务，构建贴近工作实际的学习情境，配套立体化教学资源，力求达到"以就业为导向、以能力为本位，提高信息化基本技能和信息素养"的教学目标。

本书适合作为高职高专院校"大学计算机基础"课程的教材，也可作为计算机等级考试的辅导教材。

◆ 主　编　阮兰娟　宁武新
　　副主编　银　霞　林立春
　　责任编辑　桑　珊
　　责任印制　马振武

◆ 人民邮电出版社出版发行　　北京市丰台区成寿寺路 11 号
　　邮编　100164　电子邮件　315@ptpress.com.cn
　　网址　http://www.ptpress.com.cn
　　大厂回族自治县聚鑫印刷有限责任公司印刷

◆ 开本：787×1092　1/16
　　印张：13.75　　　　　　　2019 年 9 月第 2 版
　　字数：383 千字　　　　　2021 年 2 月河北第 5 次印刷

定价：45.00 元

读者服务热线：(010)81055256　印装质量热线：(010)81055316
反盗版热线：(010)81055315
广告经营许可证：京东市监广登字 20170147 号

第2版前言 FOREWORD

在信息化程度日益深化的今天，计算机作为信息获取和处理的有效工具，在信息化社会中发挥着举足轻重的作用，信息化基本技能已成为社会各行业劳动者不可或缺的基本技能。以技术应用型人才培养为己任的高职院校势必要将计算机综合应用能力和信息素养纳入人才的能力培养体系中，使所培养的高职学生能更好地适应信息时代的岗位需求。

计算机应用基础课程已成为高职学生的公共基础必修课。通过学习本课程，学生可以了解信息技术的发展趋势，熟悉计算机操作环境及工作平台，具备使用常用工具软件处理日常事务的能力，进而具备在各自的专业领域应用计算机进行学习与研究的能力。特别是对于高职教育来说，教育理论、教育体系及教育思想正处于不断革新的探索之中，计算机基础课程的教学改革亦不断深入，该课程应该教什么、怎么教，学生学什么、怎么学等成为了当下高职院校计算机基础教学改革实践亟需解决的核心问题。

为促进计算机基础教学的开展，适应教学实际的需要和学生应用能力的培养需求，与传统计算机应用基础教材相比，本书在内容选取及组织模式上进行了不同程度的调整，以更符合当前高职教育教学的需要。本书是由几位从事本课程教学的教师根据多年的教学经验，从分析职业岗位所需要的基本技能入手，以目前最为普及的 Windows 7 操作系统和 Office 2010 办公软件为基础，融入多年的课程建设成果编写而成的。本书内容组织遵循由浅入深、循序渐进的原则，符合学习规律，适应高职项目化教学的要求。本书通过设计具体的工作任务，采用任务驱动形式组织教学内容，将知识点融于任务之中，让学生善学、乐学，并在关键能力模块中设置对应的拓展实训，强化计算机综合应用能力，辅助学生实现知识迁移，最终提升学生的计算机应用能力和职业化办公能力。本书还同步推出了实训指导教材《计算机应用基础上机实训指导（Windows 7+Office 2010）》，以加强学生实际应用技能的培养，其可与本教材配套使用。

本书本着"学生能用、教师好用、职业需要"的原则进行编写，力图实现以下特色。

（1）在教学内容设计上，着重构建贴近工作实际的学习情境，遵循职业能力培养的基本规律。

以实际工作任务为主线，在阐述计算机基础理论的基础上精心设计了有关"计算机基础概述、计算机系统知识、计算机资源管理、Word 2010、Excel 2010、PowerPoint 2010、计算机网路基础"7 个方面实用性和可操作性强的系列工作任务，力求达到"以就业为导向、以能力为本位，提高信息化基本技能和信息素养"的教学目标。

（2）在教学结构编排上，按照项目化、任务驱动的形式呈现教学内容，遵循学生认知规律。

本书每章任务之前都包含课前导读、任务描述和任务分析。实践性任务包含任务目标、任务实施、相关操作与知识、拓展实训等环节，在项目实施上通过"教、学、做"一体化实现理论与实践统一及知识内化的教学目的。本书通过"课前导读"明确主要学习内容；通过"任务描述"将职业场景引入课堂教学，激发学生的学习兴趣；通过"任务分析"解读完成整个任务所需的知识和技能；通过"任务目标"介绍每一个子任务要实现的最终效果；通过"任务实施"从整体上描述子任务目标实施的关键流程；通过"相关操作与知识"详细介绍子任务实现的操作步骤和相关知识；通过"拓展实训"选择相关的项目训练学生的实践能力，体现学以致用。

（3）教学资源立体化，既便于教师组织教学，又有效支持学生的自主学习。

本书配套有数字化学习资源，包括书中的任务素材与效果文件、电子课件，以及基础知识部分的系列微课。本书在一定程度上颠覆传统的教学模式，有效推动"自组织学习"和"他组织学习"双轨并行的教学模式的改革实践，提高课堂的教学效率。

本书由阮兰娟、宁武新任主编，并负责全书最终统稿，由银霞、林立春任副主编，参与部分章节的编写工作。本书涉及的公司名称、个人信息、产品信息等内容均为虚构，如有雷同，纯属巧合。

教材建设是一项系统工程，需要在实践中不断加以完善和改进，由于编者水平有限，书中难免存在疏漏和不足之处，恳请各位专家和读者批评指正。

编者

2019 年 7 月

目录 CONTENTS

第5章

**电子表格软件
Excel 2010** ┈┈┈┈┈┈ **106**

第 6 章

演示文稿处理软件 PowerPoint 2010 ········ 146

第7章

第1章
计算机基础概述

01

课前导读：

计算机是如何诞生与发展的？计算机有哪些功能和分类？计算机在信息技术中充当着怎样的角色？计算机的未来发展又会是怎样的？信息在计算机内部又是如何表示的呢？该如何对信息进行量化呢？通过本章学习，读者可以从整体上了解计算机的基本功能和基本工作原理，以便能更好地使用计算机。

任务描述：

【任务情景】某个大一的学生团队在参加"互联网+"创新创业大赛时需要做一个关于"互联网+教育"的报告，报告中需要详细阐述互联网在教育领域的应用内涵，包括以互联网为技术手段的学习资源检索、移动学习档案管理、学习效果跟踪评估、多媒体教学资源应用、远程教学等教育服务。该团队的指导教师需要借此机会给学生系统介绍计算机的发展史、计算机的应用领域、多媒体技术应用及现实世界中信息是如何在计算机中表示和存储等相关内容，需要查找相关内容作为素材。

任务分析：

※ 了解计算机的发展历史

※ 认识计算机的特点、应用和分类

※ 了解计算机的性能指标

※ 认识计算机的数据及其单位

※ 掌握计算机的数制及其转换

※ 认识多媒体技术的特点及常用的多媒体文件格式

1.1 任务一　了解计算机的发展历史

1.1.1 计算机的诞生

电子数字计算机（Electronic Numerical Computer）是一种能自动、高速、精确地进行信息处理的电子设备，是 20 世纪最重大的发明之一。计算机家族包括机械计算机、电动计算机、电子计算机等。电子计算机又可分为电子模拟计算机和电子数字计算机，通常我们所说的计算机就是指电子数字计算机，它是现代科学技术发展的结晶，特别是微电子、光电、通信等技术以及计算数学、控制理论的迅速发展带动了计算机的不断更新。

17 世纪，德国数学家莱布尼茨发明了二进制，为计算机内部数据的表示方法创造了条件。20 世纪初，电子技术得到飞速发展。1904 年，英国电气工程师弗莱明研制出真空二极管。1906 年，美国科学家福雷斯特发明了真空晶体管，为计算机的诞生奠定了基础。20 世纪 40 年代后期，西方国家的工业技术得到迅猛发展，相继出现了雷达和导弹等高科技产品，原有的计算工具已无法实现大量复杂的科学研究的计算工作，迫切需要在计算技术上有所突破。1943 年，第二次世界大战关键时期，由于军事上的需要，宾夕法尼亚大学电子工程系的教授莫克利和他的研究生埃克特计划采用真空管建造一台通用电子计算机，这个计划被军方采纳。1946 年 2 月，由美国的宾夕法尼亚大学研制的世界上第一台计算机——电子数字积分计算机（Electronic Numerical Integrator And Computer，ENIAC）诞生了，如图 1.1 所示。

图 1.1　世界上第一台计算机 ENIAC

ENIAC 的主要元件是电子管，每秒可完成 5000 次加法运算、300 多次乘法运算，比当时最快的计算工具要快 300 倍。ENIAC 重达 30 多吨，占地 170m^2，采用了 18000 多个电子管、1500 多个继电器、70000 多个电阻和 10000 多个电容，每小时耗电 150 千瓦。虽然 ENIAC 的体积庞大、性能不佳，但它的出现具有跨时代的意义，它开创了电子技术发展的新时代——计算机时代。

同一时期，ENIAC 项目组的一个美籍匈牙利研究人员冯·诺依曼开始研制他自己的离散变量自动电子计算机（Electronic Discrete Variable Automatic Computer，EDVAC）。该计算机是当时最快的计算机，其主要设计理论是采用二进制和存储程序的方式。因此人们把该理论称为冯·诺依曼体系结构，并沿用至今。冯·诺依曼也被誉为"现代电子计算机之父"。

1.1.2　计算机的发展过程

从第一台计算机 ENIAC 诞生至今的几十年中，计算机经历了几次重大的技术革命。根据计算机所采用的物理元器件，我们可以将计算机的发展划分为 4 个阶段，如表 1.1 所示。

表 1.1　计算机发展的 4 个阶段

阶段	划分年代	采用的元器件	运算速度	主要特点	应用领域
第一代计算机	1946～1957 年	电子管	每秒数千至数万次	主存储器采用磁鼓，体积庞大、耗电量大、运行速度低、可靠性较差且内存容量小	国防及科学研究工作
第二代计算机	1958～1964 年	晶体管	每秒数百万次	主存储器采用磁芯，开始使用高级程序及操作系统，运算速度提高、体积减小	工程设计、数据处理
第三代计算机	1965～1970 年	中小规模集成电路	每秒数千万次以上	主存储器采用半导体存储器，集成度高、功能增强且价格下降	工业控制、数据处理
第四代计算机	1971 年至今	大规模、超大规模集成电路	每秒数万亿次以上	计算机走向微型化，性能大幅度提高，软件也越来越丰富，为网络化创造了条件。同时计算机逐渐走向人工智能化，并采用了多媒体技术，具有听、说、读和写等功能	工业、生活等各个方面

1.1.3　计算机的发展趋势

从计算机的历史发展来看，计算机的体积越来越小，耗电量越来越小，速度越来越快，性能越来越佳，价格越来越便宜，操作越来越容易。计算机未来的发展则呈现出巨型化、微型化、网络化和智能化 4 个趋势。

● 巨型化。巨型化是指计算机的计算速度更快、存储容量更大、功能更强大和可靠性更高。巨型化计算机的应用范围主要包括天文、天气预报、军事和生物仿真等，这些领域需进行大量的数据处理和运算，需要性能强的计算机才能完成。

● 微型化。随着超大规模集成电路的进一步发展，个人计算机更加微型化。膝上型、书本型、笔记本型和掌上型等微型化计算机不断涌现，并受到越来越多的用户的喜爱。

● 网络化。随着计算机的普及，计算机网络也逐步深入人们工作和生活的各个部分。计算机网络可以连接地球上分散的计算机，共享各种分散的计算机资源。计算机网络逐步成为人们工作和生活中不可或缺的事物，计算机网络化让人们足不出户就能获得大量的信息并且与世界各地的亲友进行通信、网上贸易等。

● 智能化。早期，计算机只能按照人的意愿和指令去处理数据，而智能化的计算机能够代替人的脑力劳动，具有类似人的智能，如能听懂人类的语言，能看懂各种图形，可以自己学习等，即计算机可以进行知识的处理，从而代替人的部分工作。未来的智能型计算机将会代替甚至超越人类某些方面的脑力劳动。

1.2　任务二　认识计算机的特点、应用和分类

随着社会的发展和科技的进步，计算机发展十分迅速，已经从最初的高科技军事应用渗透到了人类社会的各个领域，对人类社会的发展产生了极其深刻的影响。下面介绍计算机的特点、应用和分类。

1.2.1　计算机的特点

计算机的特点决定了其具有强大的功能。计算机主要有以下 6 个特点。

● 运算速度快。计算机的运算速度指的是单位时间内执行指令的条数，一般以每秒能执行多少条指令来描述。早期的计算机由于技术的原因，运算速度较慢，而随着集成电路技术的发展，计算机的运算速度得到飞速提升。目前全球运算速度最快的超级计算机已经达到每秒亿亿次。

● 运算精度高。计算机内部采用二进制码（机器码）进行信息的读取写入，其运算精度取决于采用机器码的字长，即常说的 8 位、16 位、32 位和 64 位等。在其他指标相同时，字长越长，有效位数就越多，精度也就越高。

● 存储能力大。计算机具有许多存储记忆载体，可以将运行的数据、指令程序和运算的结果存储起来，供计算机本身或用户使用，还可即时输出文字、图像、声音和视频等各种信息。例如，采用计算机管理的图书馆通常会将所有的图书目录及索引信息都存储在计算机中，采用计算机的书目检索功能便可在几秒的时间内查找出指定的图书。

● 逻辑判断准。计算机因其具备数据分析和逻辑判断能力而被俗称为"电脑"，高级计算机还具有推理、诊断和联想等模拟人类思维的能力。具有准确、可靠的逻辑判断能力是计算机能够实现信息处理自动化的重要原因之一。

● 自动化程度高。计算机内具有运算单元、控制单元、存储单元和输入输出单元，计算机可以按照编写的程序实现工作自动化，不需要人的干预，而且还可反复执行。例如，将计算机控制系统应用在企业生产车间及流水线管理中的各种自动化生产设备中，实现了工厂生产过程的自动化。

● 具有网络与通信功能。通过计算机网络技术可以将不同城市、不同国家的计算机连在一起形成一个计算机网，在网上的所有计算机用户都可以共享资源和交流信息，从而改变了人类的交流方式和信息获取方式。

1.2.2　计算机的应用

近年来，随着计算机性能的不断提高，其在科学技术、国民经济、社会生活的各个领域都得到了广泛的应用，概括起来可分为如下 7 个方面。

- 科学计算。科学计算即通常所说的数值计算，是指利用计算机来完成科学研究和工程设计中提出的一系列复杂的数学问题的计算。计算机不仅能进行数值运算，还可以解答微积分方程以及不等式。由于计算机具有较高的运算速度，以往人工难以完成甚至无法完成的数值计算，计算机都可以完成，如气象资料分析和卫星轨道的测算等。目前，基于互联网的云计算，甚至可以实现每秒 10 万亿次的超强运算能力。

- 数据处理和信息管理。对大量的数据进行分析、加工和处理等工作早已开始使用计算机来完成。这些数据不仅包括"数"，还包括文字、图像和声音等数据形式。由于现代计算机速度快、存储容量大，计算机在数据处理和信息加工方面的应用十分广泛，如企业的财务管理、事物管理、资料和人事档案的文字处理等。利用计算机进行信息管理，为实现办公自动化和管理自动化创造了有利条件。

- 过程控制。过程控制也称为实时控制，它是指利用计算机对生产过程和其他过程进行自动监测以及自动控制设备工作状态的一种控制方式，被广泛应用于各种工业环境中，并替代人在危险、有害的环境中作业，不受疲劳等因素的影响，并可完成人类所不能完成的有高精度和高速度要求的操作，从而节省了大量的人力物力，并大大提高了经济效益。

- 人工智能。人工智能（Artificial Intelligence，AI）是指设计智能的计算机系统，让计算机具有人才具有的智能特性，让计算机模拟人类的某些智力活动，如"深度学习""识别图形和声音""推理过程"和"适应环境"等。目前，人工智能主要应用在智能机器人、机器翻译、医疗诊断、故障诊断、案件侦破和经营管理等方面。

- 计算机辅助。计算机辅助也称为计算机辅助工程应用，是指利用计算机协助人们完成各种设计工作。计算机的辅助功能是目前正在迅速发展并不断取得成果的重要应用领域，主要包括计算机辅助设计（Computer Aided Design，CAD）、计算机辅助制造（Computer Aided Manufacturing，CAM）、计算机辅助教育（Computer Aided Education，CAE）、计算机辅助教学（Computer Aided Instruction，CAI）和计算机辅助测试（Computer Aided Testing，CAT）等。

- 网络通信。网络通信是指利用计算机网络实现信息的传递功能，是计算机技术与现代通信技术相结合的产物。随着 Internet 技术的快速发展，人们可以在不同地区和国家间进行数据的传递，并可通过计算机网络进行各种商务活动。

- 多媒体技术。多媒体技术（Multimedia Technology）是指通过计算机对文字、数据、图形、图像、动画和声音等多种媒体信息进行综合处理和管理，使用户可以通过多种感官与计算机进行实时信息交互的技术。多媒体技术拓宽了计算机的应用领域，使计算机广泛应用于教育、广告宣传、视频会议、服务业和文化娱乐业等领域。

◎相关知识：

计算机辅助设计（CAD）是指利用计算机及其图形设备帮助设计人员进行设计工作、提高设计工作的自动化程度和质量的一门技术。目前，CAD 技术广泛应用于机械、电子、汽车、纺织、服装、建筑和工程建设等各个领域。

计算机辅助制造（CAM）是指在机械制造业中，利用电子数字计算机通过各种数值控制机床和设备，自动完成离散产品的加工、装配、检测和包装等制造过程。随着生产技术的发展，CAD和CAM功能可以融为一体。

计算机辅助教学（CAI）是指利用计算机实现教学功能的一种现代化教育形式，计算机可代替教师帮助学生学习，并能不断改善学习效果，提高教学水平和教学质量，学生可通过与计算机的交互活动达到学习目的。

1.2.3　计算机的分类

计算机的种类非常多，划分的方法也有很多种。

按计算机的用途，可将其分为专用计算机和通用计算机两种。其中，专用计算机是指为适应某种特殊需要而设计的计算机，如计算导弹弹道的计算机等。这类计算机因为增强了某些特定功能，忽略了一些次要要求，所以有高速度、高效率、使用面窄和专机专用的特点。通用计算机广泛适用于一般科学运算、学术研究、工程设计和数据处理等领域，具有功能多、配置全、用途广和通用性强等特点，目前市场上销售的计算机大多属于通用计算机。

微课：计算机的分类

按计算机的性能、规模和处理能力，可以将计算机分为巨型机、大型机、中型机、小型机和微型机5类，具体介绍如下。

● 巨型机。巨型机（见图1.2）也称超级计算机或高性能计算机，是速度最快、处理能力最强的计算机，是为少数部门的特殊需要而设计的。通常，巨型机多用于国家高科技领域和尖端技术研究，是一个国家科研实力的体现，现有的超级计算机运算速度大多可以达到每秒一万亿次以上。2018年11月，在美国达拉斯发布的新一期全球超级计算机Top500强榜单上，美国能源部所属超级计算机"顶点"荣膺冠军，其浮点运算速度达到每秒14.35亿亿次，峰值运算速度为每秒20.08亿亿次。

● 大型机。大型机（见图1.3）或称大型主机，其特点是运算速度快、存储量大和通用性强，主要针对计算量大、信息流通量多、通信能力高的用户，如银行、政府部门和大型企业等。目前，生产大型主机的公司主要有IBM等。

● 中型机。中型机的性能低于大型机，其特点是处理能力强，常用于中小型企业。

● 小型机。小型机是指采用精简指令集处理器，性能和价格介于微型机服务器和大型机之间的一种高性能64位计算机。小型机的特点是结构简单、可靠性高和维护费用低，常用于中小型企业。随着微型计算机的飞速发展，小型机最终被微型机取代的趋势已非常明显。

● 微型机。微型计算机简称微机，是应用最普及的机型，占了计算机总数中的绝大部分，而且价格便宜、功能齐全，被广泛应用于机关、学校、企事业单位和家庭中。微型机按结构和性能可以划分为单片机、单板机、个人计算机（PC）、工作站和服务器等。其中，个人计算机又可分为台式计算机和便携式计算机（如笔记本电脑）两类，分别如图 1.4 和图 1.5 所示。

图 1.2　巨型机

图 1.3　大型机

图 1.4　台式计算机

图 1.5　笔记本电脑

1.2.4　拓展知识：信息技术的相关概念

以计算机技术、通信技术和网络技术为核心的信息技术深入人类社会的各个领域，对人类的生活和工作方式产生了巨大的影响。随着科学技术的不断进步，信息技术将得到更深、更广和更快的发展。

（一）信息与信息技术

信息在不同的领域有不同的定义。一般来说，信息是对客观世界中各种事物的运动状态和变化的反映。简单地说，信息是经过加工的数据，或者说信息是数据处理的结果。信息泛指人类社会传播的一切内容，如音信、消息、通信系统传输和处理的对象等。在信息化社会，信息已成为科技发展的日益重要的资源。

信息技术（Information Technology，IT）是一门综合的技术，人们对信息技术的定义因其使用的目的、范围和层次不同而有所不同。联合国教科文组织对信息技术的定义为"应用在信息加工和处理中的科学、技术与工程的训练方法和管理技巧及应用；计算机及其与人、机的相互作用，与人相应的社会、经济和文化等诸种事物"。该定义强调的是信息技术的现代化应用与高科技含量，主要指一系列与计算机相关的技术。狭义范围内的信息技术是指对信息进行采集、传输、存储、加工和表达的各种技术的总称。

信息技术主要是指应用计算机科学和通信技术来设计、开发、安装和实施信息系统及应用软件，主要包括传感技术、通信技术、计算机技术和缩微技术等。

- 传感技术。传感技术是关于从自然信源获取信息，并对之进行处理（变换）和识别的一门多学科交叉的现代科学与工程技术，它涉及传感器、信息处理和识别的规划设计、开发、建造、测试、应用及评价改进等活动。传感技术与计算机技术、通信技术一起被称为信息技术的三大支柱，其主要任务是延长和扩展人类收集信息的功能。目前，传感技术已经发展了一大批敏感元件，例如，通过照相机、红外和紫外等光波波段的敏感元件来帮助人们提取肉眼所见不到的重要信息，也可通过超声和次声传感器来帮助人们获得人耳听不到的信息。

- 通信技术。通信技术又称通信工程，主要研究的是通信过程中的信息传输和信号处理的原理和应用。目前，通信技术得到飞速发展，从传统的电话、电报、收音机和电视到如今的移动通信（手机）、传真、卫星通信、光纤通信和无线通信等现代通信方式，从而使数据和信息的传递效率得到大大提高，通信技术已成为办公自动化的支撑技术。

- 计算机技术。计算机技术是信息技术的核心内容，其主要研究任务是延长人的思维器官处理信息和决策的功能。计算机技术作为一个完整系统所运用的技术，主要包括系统结构技术、系统管理技术、系统维护技术和系统应用技术等。近年，计算机技术同样获得飞速发展，尤其是随着多媒体技术的发展，计算机的体积越来越小，但应用功能却越来越强大。

- 缩微技术。缩微技术是一种涉及多学科、多部门、综合性强且技术成熟的现代化信息处理技术，其主要研究任务是延长人的记忆器官存储信息的功能。例如，在金融系统、卫生系统、保险系统和工业系统均采用缩微技术复制纸质载体的文件，从而改变了过去传统的管理方法，提高了档案文件、文献资料的管理水平，提高了经济效益。

总的来说，现代信息技术是一个内容十分广泛的技术群，它包括微电子技术、光电子技术、通信技术、网络技术、感测技术、控制技术和显示技术等。此外，物联网和云计算作为信息技术新的高度和形态被提出，并得到了发展。根据中国物联网校企联盟的定义，物联网为当下大多数技术与计算机互联网技术的结合，它能更快、更准地收集、传递、处理和执行信息，是科技的最新呈现形式与应用。

（二）信息化社会

信息化社会也称为信息社会，是脱离工业化社会以后，信息将起主要作用的社会。一般认为，信息化是指以计算机信息技术和传播手段为基础的信息技术和信息产业在经济和社会发展中的作用日益加强，并发挥主导作用的动态发展过程。信息化社会是指以信息产业在国民经济中的比重、信息技术在传统产业中的应用程度和信息基础设施建设水平为主要标志的社会。

在信息化社会里，人类借助计算机与通信技术的运用，其处理信息的能力和传输信息的速度得到快速提高，信息社会的交流在很大程度上围绕信息网络及其服务中心开展，因此信息网络已成为信息化社会的基础设施。进入 21 世纪后，世界各国都在加强信息化建设，而信息化建设又推动了计算机科学技术的发展与信息化社会的发展，促进了计算机文化的产生，并彻底改变了人们的工作方式和生活方式，从而产生了移动电子商务、无纸化办公、远程教学、网络会议和网上购物等新的生活理念。

如今，计算机技术水平的高低是衡量信息化社会人才素质的重要标志，计算机文化的普及程度也标志着一个国家的综合发展水平，并将影响整个国家的信息化的进程。因此，只有掌握计算机技术与计算机文化，才能真正适应信息化社会的建设需要，才能创造出更加灿烂辉煌的人类文明。

（三）信息安全

现代信息技术给人类带来了高效、方便的信息服务，同时也使人类信息环境面临许多前所未有的难题，如隐私权受侵问题、知识产权问题、竞争问题和信息安全问题等。这就需要我们在理解信息技术带来的实际的和潜在的不良影响后，加强信息道德教育和规范网络行为，这样才能真正地对其不利方面进行抵制。

信息安全包括信息本身的安全和信息系统的安全，可以从以下 4 个方面来理解信息安全和加强信息安全意识。

• 数据安全。在输入、处理和统计数据过程中，由于计算机硬件出现故障，或是人为的误操作，以及计算机病毒和黑客的入侵等造成数据损坏和丢失现象，应通过确保存储数据的安全、加密数据技术和安装杀毒软件等方式来避免这类危害。

• 计算机安全。国际标准化委员会对计算机安全的定义是"为数据处理系统所采取的技术的和管理的安全保护，保护计算机硬件、软件和数据不因偶然的或恶意的原因而遭到破坏、更改和显露"。计算机安全中最重要的是存储数据的安全，其面临的主要威胁包括计算机病毒、非法访问、计算机电磁辐射和硬件损坏等。

• 信息系统安全。信息系统安全是指信息网络中的硬件、软件和系统数据要受到保护，不能遭到破坏或泄露，以确保信息系统能够持续、可靠地运行，信息服务不中断。

• 法律保护。为了加强对计算机信息系统的安全保护和安全管理，我国先后制定了多部关于信息安全的法律法规，包括《中华人民共和国计算机信息系统安全保护条例》《计算机信息网络国际联网安全保护管理办法》《互联网信息服务管理办法》和《信息网络传播权保护条例》等。

1.3 任务三 认识计算机中信息的表示和存储

1.3.1 计算机中的数据及其单位

在计算机中，各种信息都是以数据的形式出现的，对数据进行处理后产生的结果为信息。计算机中处理的数据可分为数值数据和非数值数据（如字母、汉字和图形等）两大类。无论什么类型的数据，在计算机内部都是以二进制的形式存储和运算的。计算机在与外部交流时会采用人们熟悉和便于阅读的形式表示，如十进制数据、文字表达和图形显示等，这之间的转换则由计算机系统来完成。

在计算机内存储和运算数据时，通常涉及的数据单位有以下3种。

• 位（bit）。计算机中的数据都是以二进制来表示的，二进制的代码只有"0"和"1"两个数码，采用多个数码（0和1的组合）来表示一个数，其中的每一个数码称为一位，位是计算机中最小的数据单位。

• 字节（Byte）。在对二进制数据进行存储时，以8位二进制代码为一个单元存放在一起，称为一个字节，即1 Byte =8 bit。字节是计算机中信息组织和存储的基本单位，也是计算机体系结构的基本单位。在计算机中，通常用B（字节）、KB（千字节）、MB（兆字节）或GB（吉字节）为单位来表示存储器（如内存、硬盘和U盘等）的存储容量或文件的大小。所谓存储容量指存储器中能够包含的字节数，存储单位B、KB、MB、GB和TB的换算关系如下。

$$1 \text{ KB（千字节）}=1024 \text{ B（字节）}=2^{10} \text{ B（字节）}$$
$$1 \text{ MB（兆字节）}=1024 \text{ KB（千字节）}=2^{20} \text{ B（字节）}$$
$$1 \text{ GB（吉字节）}=1024 \text{ MB（兆字节）}=2^{30} \text{ B（字节）}$$
$$1 \text{ TB（太字节）}=1024 \text{ GB（吉字节）}=2^{40} \text{ B（字节）}$$

• 字长。人们将计算机一次能够并行处理的二进制代码的位数，称为字长。字长是衡量计算机性能的一个重要指标，字长越长，数据所包含的位数越多，计算机的数据处理速度越快。计算机的字长通常是字节的整倍数，如8位、16位、32位、64位和128位等。

1.3.2 拓展知识：数制及其转换

数制是指用一组固定的符号和统一的规则来表示数值的方法。其中，按照进位方式计数的数制称为进位计数制。在日常生活中，人们习惯用的进位计数制是十进制，而计算机则使用二进制；除此以外，还包括八进制和十六进制等。顾名思义，二进制就是逢二进一的数值表示方法；依次类推，十进制就是逢十进一，八进制就是逢八进一等。

进位计数制中每个数码的数值不仅取决于数码本身，其数值的大小还取决于该数码在数中的位置，如十进制数 683.52，整数部分的第 1 个数码"6"处在百位，表示 600，第 2 个数码"8"处在十位，表示 80，第 3 个数码"3"处在个位，表示 3，小数点后第 1 个数码"5"处在十分位，表示 0.5，小数点后第 2 个数码"2"处在百分位，表示 0.02。也就是说，同一数码处在不同位置所代表的数值是不同的。数码在一个数中的位置称为数制的数位。数制中数码的个数称为数制的基数，十进制数有 0、1、2、3、4、5、6、7、8、9 共 10 个数码，其基数为 10。在每个数位上的数码符号所代表的数值等于该数位上的数码乘以一个固定值，该固定值称为数制的位权数。数码所在的数位不同，其位权数也有所不同。

无论在何种进位计数制中，数值都可写成按位权展开的形式，如十进制数 683.52 可写成：

$$683.52=6 \times 100+8 \times 10+3 \times 1+5 \times 0.1+2 \times 0.01$$

或者：

$$683.52=6 \times 10^2+8 \times 10^1+3 \times 10^0+5 \times 10^{-1}+2 \times 10^{-2}$$

上式为数值按位权展开的表达式，其中 10^i 称为十进制数的位权数，其基数为 10，使用不同的基数，便可得到不同的进位计数制。设 R 表示基数，则称为 R 进制，使用 R 个基本的数码，R^i 就是位权，其加法运算规则是"逢 R 进一"，则任意一个 R 进制数 D 均可以展开表示为

$$(D)_R = \sum_{i=-m}^{n-1} K_i \times R^i$$

上式中的 K_i 为第 i 位的系数，可以为 0，1，2，…，$R-1$ 中的任何一个数，R^i 表示第 i 位的权。表 1.2 所示为计算机中常用的几种进位计数制的表示。

表 1.2　计算机中常用的几种进位数制的表示

进位制	基数	基本符号（采用的数码）	权	形式表示
二进制	2	0, 1	2^i	B
八进制	8	0, 1, 2, 3, 4, 5, 6, 7	8^i	O
十进制	10	0, 1, 2, 3, 4, 5, 6, 7, 8, 9	10^i	D
十六进制	16	0, 1, 2, 3, 4, 5, 6, 7, 8, 9, A, B, C, D, E, F	16^i	H

通过表 1.2 可知，对于数据 6B3E，从使用的数码可以判断出其为十六进制数，而对于数据 584 来说，如何判断属于哪种数制呢？在计算机中，为了区分不同进制的数，可以用括号加数制基数下标的方式来表示不同数制的数，例如，$(584)_{10}$ 表示十进制数，$(1101.01)_2$ 表示二进制数，$(6B3E)_{16}$ 表示十六进制数，也可以用带有字母的形式分别表示为 $(584)_D$、$(1101.01)_B$ 和 $(6B3E)_H$。在程序设计中，为了区分不同进制数，常在数字后直接加英文字母后缀来区别，如 584D、1101.01B 等。

表 1.3 所示为上述几种常用数制的对照关系表。

表1.3 常用数制对照关系表

十进制数	二进制数	八进制数	十六进制数
0	0000	0	0
1	0001	1	1
2	0010	2	2
3	0011	3	3
4	0100	4	4
5	0101	5	5
6	0110	6	6
7	0111	7	7
8	1000	10	8
9	1001	11	9
10	1010	12	A
11	1011	13	B
12	1100	14	C
13	1101	15	D
14	1110	16	E
15	1111	17	F

下面将具体介绍4种常用数制之间的转换方法。

1. 非十进制数转换为十进制数

将二进制数、八进制数和十六进制数转换为十进制数时，只需用该数制的各位数乘以各自对应的位权数，然后将乘积相加。用按位权展开的方法即可得到对应的结果。

【例1-1】将二进制数10011转换成十进制数。

先将二进制数10011按位权展开，然后将乘积相加，转换过程如下所示。

位权信息

$$(10011)_2 = (1 \times 2^4 + 0 \times 2^3 + 0 \times 2^2 + 1 \times 2^1 + 1 \times 2^0)_{10}$$
$$= (16 + 2 + 1)_{10}$$
$$= (19)_{10}$$

【例1-2】将八进制数564转换成十进制数。

先将八进制数564按位权展开，然后将乘积相加，转换过程如下所示。

位权信息

$$(564)_8 = (5 \times 8^2 + 6 \times 8^1 + 4 \times 8^0)_{10}$$
$$= (320 + 48 + 4)_{10}$$
$$= (372)_{10}$$

【例 1-3】将十六进制数 564 转换成十进制数。

先将十六进制数 564 按位权展开，然后将乘积相加，转换过程如下所示。

位权信息

$$(564)_{16} = (5 \times 16^2 + 6 \times 16^1 + 4 \times 16^0)_{10}$$

$$= (1280 + 96 + 4)_{10}$$

$$= (1380)_{10}$$

2．十进制数转换成其他进制数

将十进制数转换成二进制数、八进制数和十六进制数时，可将数值分成整数和小数分别转换，然后再拼接起来。

例如，将十进制数转换成二进制数时，整数部分采用"除 2 取余倒读"法，即将该十进制数除以 2，得到一个商和余数（K_0），再将商数除以 2，又得到一个新的商和余数（K_1），如此反复，直到商为 0 时得到余数（K_{n-1}）。然后将得到的各次余数，以最后余数为最高位，最初余数为最低依次排列，即 K_{n-1}，…，K_1，K_0，这就是该十进制数对应的二进制整数部分。

小数部分采用"乘 2 取整正读"法，即将十进制的小数乘 2，取乘积中的整数部分作为相应二进制小数点后最高位 K_{-1}，取乘积中的小数部分反复乘 2，逐次得到 K_{-2}，K_{-3}，…，K_{-m}，直到乘积的小数部分为 0 或位数达到所需的精确度要求为止，然后把每次乘积所得的整数部分由上而下（即从小数点自左往右）依次排列起来（K_{-1}，K_{-2}，…，K_{-m}）即为所求的二进制数的小数部分。

同理，将十进制数转换成八进制数时，整数部分除 8 取余；小数部分乘 8 取整；将十进制数转换成十六进制数时，整数部分除 16 取余，小数部分乘 16 取整。

【例 1-4】将十进制数 95.625 转换成二进制数。

用除 2 取余法进行整数部分转换，再用乘 2 取整法进行小数部分转换，具体转换过程如下所示。

$$(95.125)_{10} = (1011111.001)_2$$

整数部分

```
2 |  95          低位
  2 |  47     余 1   ↑
    2 |  23   余 1
      2 |  11  余 1
        2 |  5  余 1
          2 |  2  余 1
            2 | 1  余 0
              | 0  余 1   高位
```

小数部分

```
      0.125
    ×    2        取整    低位
      0.250        0       ↓
    ×    2
      0.500        0
    ×    2
      1.000        1      高位
```

3．二进制数转换成八进制数、十六进制数

二进制数转换成八进制数所采用的转换原则是"3 位分一组"，即以小数点为界，整数部分从右向左每 3 位为一组，若最后一组不足 3 位，则在最高位前面添 0 补足 3 位，然后将每组中的二进制数按权相加得到对应的八进制数；小数部分从左向右每 3 位分为一组，最后一组不足 3 位时，尾部用 0 补足 3 位，然后按照顺序写出每组二进制数对应的八进制数即可。二进制数与八进制数对应关系如下：

二进制数	000	001	010	011	100	101	110	111
八进制数	0	1	2	3	4	5	6	7

【例 1-5】将二进制数 1101001.10111 转换为八进制数。

转换过程如下所示。

3 位分一组 ←——————→ 3 位分一组 ——————→

二进制数　　001　　101　　001　．　101　　110

八进制数　　 1　　　5　　　1　．　 5　　　6

得到的结果为$(1101001.10111)_2 = (151.56)_8$

二进制数转换成十六进制数所采用的转换原则与上面的类似，采用的转换原则是"4 位分一组"，即以小数点为界，整数部分从右向左、小数部分从左向右每 4 位一组，不足 4 位用 0 补齐即可。二进制数与十六进制数对应关系如下：

二进制数	0000	0001	0010	0011	0100	0101	0110	0111
十六进制数	0	1	2	3	4	5	6	7
二进制数	1000	1001	1010	1011	1100	1101	1110	1111
十六进制数	8	9	A	B	C	D	E	F

【例 1-6】将二进制数 1101001.10111 转换为十六进制数。

转换过程如下所示。

4 位分一组 ←——————→ 4 位分一组 ——————→

二进制数　　0110　　1001　．　1011　　1000

十六进制数　 6　　　9　．　 B　　　8

得到的结果为$(1101001.10111)_2 = (69.B8)_{16}$

4．八进制数、十六进制数转换成二进制数

八进制数转换成二进制数的转换原则是"一分为三"，即从八进制数的低位开始，将每一位上的八进制数写成对应的 3 位二进制数即可。如有小数部分，则从小数点开始，分别向左右两边按上述方法进行转换即可。

【例 1-7】将八进制数 256.3 转换为二进制数。

转换过程如下所示。

八进制数	2	5	6	.	3
二进制数	010	101	110	.	011

得到的结果为$(256.3)_8 = (10101110.011)_2$

十六进制数转换成二进制数的转换原则是"一分为四",即把每一位上的十六进制数写成对应的 4 位二进制数即可。

【例 1-8】将十六进制数 6E8D 转换为二进制数。

转换过程如下所示。

十六进制数	6	E	8	D
二进制数	0110	1110	1000	1101

得到的结果为$(6E8D)_{16} = (110111010001101)_2$

1.3.3 计算机中字符的编码规则

编码就是利用计算机中的 0 和 1 两个代码的不同长度表示不同信息的一种约定方式。由于计算机是以二进制的形式存储和处理数据的,因此只能识别二进制编码信息,对于数字、字母、符号、汉字、语音和图形等非数值信息都要用特定规则进行二进制编码才能存入计算机。对于西文与中文字符,由于形式的不同,使用的编码也不同。

1. 西文字符的编码

计算机对字符进行编码,通常采用 ASCII 和 Unicode 两种编码。

● ASCII。美国标准信息交换标准代码(American Standard Code for Information Interchange,ASCII)是基于拉丁字母的一套编码系统,主要用于显示现代英语和其他西欧语言,它被国际标准化组织指定为国际标准(ISO 646 标准)。标准 ASCII 使用 7 位二进制数来表示所有的大写和小写字母,数字 0 到 9、标点符号,以及在美式英语中使用的特殊控制字符,共有 2^7=128 个不同的编码值,可以表示 128 个不同字符的编码,如表 1.4 所示。其中,低 4 位编码 $b_3b_2b_1b_0$ 用作行编码,而高 3 位 $b_6b_5b_4$ 用作列编码,其中包括 95 个编码对应计算机键盘上的符号或其他可显示或打印的字符,另外 33 个编码被用作控制码,用于控制计算机某些外部设备的工作特性和某些计算机软件的运行情况。例如,字母 A 的编码为二进制数 1000001,对应十进制数 65 或十六进制数 41。

表 1.4 标准 7 位 ASCII

低 4 位 $b_3b_2b_1b_0$	高 3 位 $b_6b_5b_4$							
	000	001	010	011	100	101	110	111
0000	NUL	DLE	SP	0	@	P	`	p
0001	SOH	DC1	!	1	A	Q	a	q
0010	STX	DC2	"	2	B	R	b	r
0011	ETX	DC3	#	3	C	S	c	s
0100	EOT	DC4	$	4	D	T	d	t

低 4 位	高 3 位 $b_6b_5b_4$							
$b_3b_2b_1b_0$	000	001	010	011	100	101	110	111
0101	ENQ	NAK	%	5	E	U	e	u
0110	ACK	SYN	&	6	F	V	f	v
0111	BEL	ETB	'	7	G	W	g	w
1000	BS	CAN	(	8	H	X	h	x
1001	HT	EM	)	9	I	Y	i	y
1010	LF	SUB	*	:	J	Z	j	z
1011	VT	ESC	+	;	K	[	k	{
1100	FF	FS	,	<	L	\	l	|
1101	CR	GS	–	=	M	]	m	}
1110	SO	RS	.	>	N	^	n	~
1111	SI	US	/	?	O	_	o	DEL

- Unicode。Unicode 也是一种国际标准编码，采用两个字节编码，能够表示世界上所有的书写语言中可能用于计算机通信的文字和其他符号。目前，Unicode 在网络、Windows 操作系统和大型软件中得到应用。

2. 汉字的编码

在计算机中，汉字信息的传播和交换必须有统一的编码才不会造成混乱和差错。因此计算机中处理的汉字是指包含在国家或国际组织制定的汉字字符集中的汉字，常用的汉字字符集包括 GB2312—1980、GB18030—2005、GBK 和 CJK 编码等。为了使每个汉字都有一个全国统一的代码，我国颁布了汉字编码的国家标准，即 GB2312—1980《信息交换用汉字编码字符集（基本集）》，这个字符集是目前国内所有汉字系统的统一标准。

汉字的编码方式主要有以下 4 种。

- 输入码。输入码也称外码，是指为了将汉字输入计算机而设计的代码，包括音码、形码和音形码等。

- 区位码。将 GB2312—1980 字符集放置在一个 94 行（每一行称为"区"）、94 列（每一列称为"位"）的方阵中，方阵中的每个汉字所对应的区号和位号组合起来就得到了该汉字的区位码。区位码用 4 位数字编码，前两位叫作区码，后两位叫作位码，如汉字"中"的区位码为 5448。

- 国标码。国标码采用两个字节表示一个汉字，将汉字区位码中的十进制区号和位号分别转换成十六制数，再分别加上 20H，就可以得到该汉字的国际码。例如，"中"字的区位码为 5448，区号 54 对应的十六进转数为 36，加上 20H，即为 56H，而位号 48 对应的十六进制数为 30，加上 20H，即为 50H，所以"中"字的国标码为 5650H。

- 机内码。在计算机内部进行存储与处理所使用的代码，称为机内码。对汉字系统来说，汉字机内码规定在汉字国标码的基础上，每字节的最高位置为 1，每字节的低 7 位为汉字信息。将国标码的两个字节编码分别加上 80H（即 10000000B），便可以得到机内码，如汉字"中"的机内码为 D6D0H。

1.4 任务四 认识多媒体技术

1.4.1 媒体与多媒体技术

媒体（Medium）主要有两层含义，一是指存储信息的实体（媒质），如磁盘、光盘、磁带和半导体存储器等；二是指传递信息的载体（媒介），如文本、声音、图形、图像、视频、音频和动画等。

多媒体（Multimedia）是由单媒体复合而成的，融合了两种或两种以上的人机交互式信息交流和传播媒体。多媒体不仅是指文本、声音、图形、图像、视频、音频和动画这些媒体信息本身，还包含处理和应用这些媒体信息的一整套技术，我们称之为多媒体技术。多媒体技术是指能够同时获取、处理、编辑、存储和演示两种以上不同类型信息的媒体技术。在计算机领域中，多媒体技术就是用计算机实时地综合处理图、文、声和像等信息的技术，这些多媒体信息在计算机内都是转换成 0 和 1 的数字化信息进行处理的。

多媒体技术的快速发展和应用将极大地推动许多产业的变革和发展，并逐步改变人类社会的生活与工作方式。多媒体技术的应用已渗透到人类社会的各个领域，它不仅覆盖了计算机的绝大部分应用领域，同时还在教育与培训、商务演示、咨询服务、信息管理、宣传广告、电子出版物、游戏与娱乐和广播电视等领域中得到普通应用。此外，可视电话和视频会议等也为人们提供了更全面的信息服务。目前，多媒体技术主要包括音频技术、视频技术、图像技术、图像压缩技术和通信技术。

1.4.2 多媒体技术的特点

多媒体技术主要具有以下 5 种关键特性。

* 多样性。多媒体技术的多样性是指信息载体的多样性，计算机所能处理的信息从最初的数值、文字、图形已扩展到音频和视频信息等多种媒体。

* 集成性。多媒体技术的集成性是指以计算机为中心综合处理多种信息媒体，使其集文字、声音、图形、图像、音频和视频于一体。此外，多媒体处理工具和设备的集成能够为多媒体系统的开发与实现建立一个理想的集成环境。

* 交互性。多媒体技术的交互性是指用户可以与计算机进行交互操作，并提供多种交互控制功能，使人们获取信息和使用信息变被动为主动，并改善人机操作界面。

* 实时性。多媒体技术的实时性是指多媒体技术需要同时处理声音、文字和图像等多种信息，其中声音和视频还要求实时处理，从而应具有能够对多媒体信息进行实时处理的软硬件环境的支持。

- 协同性。多媒体技术的协同性是指多媒体中的每一种媒体都有其自身的特性，因此各媒体信息之间必须有机配合，并协调一致。

1.4.3　多媒体设备和软件

一个完整的多媒体系统是由多媒体硬件系统和多媒体软件系统两个部分构成的。下面主要针对多媒体计算机系统，来介绍多媒体设备和软件。

1. 多媒体计算机的硬件

微课：多媒体计算机的硬件

多媒体计算机的硬件系统除了计算机常规硬件外，还包括声音/视频处理器、多种媒体输入/输出设备及信号转换装置、通信传输设备及接口装置等。具体来说，主要包括以下 3 种硬件项目。

- 音频卡。音频卡即声卡，它是多媒体技术中最基本的硬件组成部分，是实现声波/数字信号相互转换的一种硬件，其基本功能是把来自话筒、磁带、光盘的原始声音信号加以转换和处理，然后输出到耳机、扬声器、扩音机和录音机等声响设备，也可通过音乐设备数字接口（MIDI）进行声音输出。
- 视频卡。视频卡也叫视频采集卡，用于将模拟摄像机、录像机、LD 视盘机和电视机输出的视频数据或者视频和音频的混合数据输入计算机，并转换成计算机可识别的数字数据。视频卡按照其用途可以分为广播级视频采集卡、专业级视频采集卡和民用级视频采集卡。
- 各种外部设备。多媒体处理过程中会用到的外部设备主要包括摄像机/录放机、数字照相机/头盔显示器、扫描仪、激光打印机、光盘驱动器、光笔/鼠标/传感器/触摸屏、话筒/喇叭、传真机和可视电话机等。

2. 多媒体计算机的软件

多媒体计算机的软件种类较多，根据功能可以分为多媒体操作系统、媒体处理系统工具和用户应用软件 3 种。

- 多媒体操作系统。多媒体操作系统应具有实时任务调度、多媒体数据转换和同步控制、多媒体设备的驱动和控制，以及图形用户界面管理等功能。目前，计算机中安装的 Windows 操作系统已完全具备上述功能需求。
- 媒体处理系统工具。媒体处理系统工具主要包括媒体创作软件工具、多媒体节目写作工具和媒体播放工具，以及其他各类媒体处理工具，如多媒体数据库管理系统等。
- 用户应用软件。用户应用软件是根据多媒体系统终端用户要求来定制的应用软件。目前国内外已经开发出了很多服务于图形、图像、音频和视频处理的软件。通过这些软件，人们可以创建、收集和处理多媒体素材，制作出丰富多样的图形、图像和动画。目前，比较流行的应用软件有 Photoshop、Flash、Illustrator、3ds Max、Authorware、Director 和 PowerPoint 等。每种软件都各有所长，在多媒体处理过程中可以综合运用。

◎相关知识：

声音播放软件包括 Windows 自带的录音机播放软件和 Windows Media Player 等，动画播放软件有 Flash Player、Windows Media Player 等，视频播放软件有 Windows Media Player 和暴风影音等。

1.4.4 常用媒体文件格式

在计算机中，利用多媒体技术可以将声音、文字和图像等多种媒体信息进行综合式交互处理，并以不同的文件类型进行存储，下面分别介绍常用的媒体文件格式。

1. 音频文件格式

在多媒体系统中，语音和音乐是必不可少的，存储声音信息的文件格式有多种，包括 WAV、MIDI、MP3、RM、Audio 和 VOC 等，具体如表 1.5 所示。

表 1.5 常见声音文件格式

文件格式	文件扩展名	相关说明
WAV	.wav	WAV 文件来源于对声音模拟波形的采样，主要针对话筒和录音机等外部音源录制，经声卡转换成数字化信息，播放时再还原成模拟信号由扬声器输出。这种波形文件是最早的数字音频格式。WAV 文件支持多种采样的频率和样本精度的声音数据，并支持声音数据文件的压缩，通常文件较大，主要用于存储简短的声音片断
MIDI	.mid/.rmi	音乐设备数字接口（Musical Instrument Digital Interface，MIDI）是乐器和电子设备之间进行声音信息交换的一组标准规范。MIDI 文件并不像 WAV 文件那样记录实际的声音信息，而是记录一系列的指令，即记录的是关于乐曲演奏的内容，可通过 FM 合成法和波表合成法来生成。MIDI 文件比 WAV 文件存储的空间要小得多，且易于编辑节奏和音符等音乐元素，但整体效果不如 WAV 文件，且过于依赖 MIDI 硬件质量
MP3	.mp3	MP3 采用 MPEG Layer 3 标准对音频文件进行有损压缩，压缩比高，音质接近 CD 唱盘，制作简单，且便于交换，适用于网上传播，是目前使用较多的一种格式
RM	.rm	RM 采用音频/视频流和同步回放技术在互联网上提供优质的多媒体信息，其特点是可随着网络带宽的不同而改变声音的质量
Audio	.au	它是一种经过压缩的数字声音文件格式，主要在网上使用
VOC	.voc	它是一种波形音频文件格式，也是声霸卡使用的音频文件格式

2. 图像文件格式

图像是多媒体中最基本和最重要的数据，包括静态图像和动态图像。其中，静态图像又可分为矢量图形和位图图像两种，动态图像又分为视频和动画两种。常见的静态图像文件格式如表 1.6 所示。

表1.6　常见静态图像文件格式

文件格式	文件扩展名	相关说明
BMP	.bmp	BMP（Bitmap）是 Windows 操作系统中的标准图像文件格式，它采用位映射存储格式，除了图像深度可选以外，不采用其他任何压缩，因此，BMP 文件所占用的空间很大
GIF	.gif	GIF 的原义是"图像互换格式"，GIF 图像文件的数据是经过压缩的，而且是采用了可变长度等压缩算法。在一个 GIF 文件中可以存储多幅彩色图像，如果把存储于一个文件中的多幅图像数据逐幅读出并显示到屏幕上，就可构成一种最简单的动画。GIF 文件主要用于保存网页中需要高传输速率的图像文件
TIFF	.tiff	标签图像文件格式（Tag Image File Format,TIFF）是一种灵活的位图格式，主要用来存储包括照片和艺术图在内的图像，它是一种当前流行的高位彩色图像格式
JPEG	.jpg/.jpeg	JPEG 格式是第一个国际图像压缩标准，它能够在提供良好的压缩性能的同时，提供较好的重建质量，被广泛应用于图像、视频处理领域。".jpeg"".jpg"等格式指的是图像数据经压缩后形成的文件，主要用于网上传输
PNG	.png	可移植网络图形格式（PNG）是一种最新的网络图像文件存储格式，其设计目的是试图替代 GIF 和 TIFF 文件格式，一般应用于 Java 程序和网页中
WMF	.wmf	WMF 是 Windows 中常见的一种图元文件格式，属于矢量文件格式，具有文件小、图案造型化的特点，其图形往往较粗糙

3．视频文件格式

视频文件一般比其他媒体文件要大一些，比较占用存储空间。常见的视频文件格式如表 1.7 所示。

表1.7　常见视频文件格式

文件格式	文件扩展名	相关说明
AVI	.avi	AVI 是由 Microsoft 公司开发的一种数字视频文件格式，允许视频和音频同步播放，但由于 AVI 文件没有限定压缩标准，因此不同压缩标准生成的 AVI 文件，必须使用相应的解压缩算法才能播放
MOV	.mov	MOV 是 Apple 公司开发的一种音频、视频文件格式，具有跨平台和存储空间小等特点，已成为目前数字媒体软件技术领域的工业标准
MPEG	.mpeg	MPEG 是运动图像压缩算法的国际标准，它能在保证影像质量的基础上，采用有损压缩算法减少运动图像中的冗余信息，压缩效率较高、质量好，它包括 MPEG-1、MPEG-2 和 MPEG-4 等在内的多种视频格式
ASF	.asf	ASF 是微软公司开发的一种可直接在网上观看视频节目的视频文件压缩格式，其优点有本地或网络回放、可扩充的媒体类型、部件下载以及扩展性等
WMV	.wmv	WMV 格式是微软公司针对 Quick Time 之类的技术标准而开发的一种视频文件格式，可使用 Windows Media Player 播放，是目前比较常见的视频格式

◎相关知识：

由于音频和视频等多媒体信息的数据量非常庞大，为了便于存取和交换，在多媒体计算机系统中通常采用压缩的方式来进行有效的压缩，使用时再将数据进行解压缩还原。数据压缩可以分为无损压缩和有损压缩两种，其中无损压缩的压缩率比较低，但能够确保解压后的数据不失真，而有损压缩则是以损失文件中某些信息为代价来获取较高的压缩率。

第2章
计算机系统知识

02

课前导读：

计算机系统由硬件系统和软件系统组成，硬件是计算机赖以工作的实体，相当于人的身躯；软件是计算机的精髓，相当于人的思想和灵魂；它们共同协作运行应用程序并处理各种实际问题。本章介绍计算机的系统组成、计算机工作的基本原理、计算机系统中常用输入设备的基本使用方法，以及当前主流的微机操作系统的基本操作技巧。

任务描述：

【任务情景一】 小张是一名计算机应用技术专业的新生，为了方便学习购买了一台新的个人计算机，计算机只安装了 Windows 7 操作系统，负责给他组装计算机的工作人员告诉他，新买的计算机中除了已安装的操作系统软件外，其他软件暂时都没有安装，可以根据使用需要再安装具体的应用软件，但他和大多数新生一样，并不是很了解计算机内部的硬件结构是怎么样的，计算机是如何工作的，计算机的软件程序有哪些，急需解决计算机安装的操作系统如何应用等问题。

【任务情景二】 小徐应聘了一份办公室文员的工作，需要处理大量包含中英文的数据录入的常规工作，但是由于对键盘不熟悉和指法不规范，录入速度和精准度都不高，严重影响了工作效率。她听取了同事的建议，决定好好学习鼠标和键盘的规范操作技能，并且在录入时实现"盲打"。

任务分析：

※ 认识计算机的基本结构

※ 了解计算机的工作原理

※ 认识微型计算机的硬件组成

※ 了解计算机的软件系统

※ 掌握常见输入设备的基本操作

※ 掌握 Windows 7 操作系统的基本操作

计算机系统由硬件系统和软件系统两部分组成。在一台计算机中，硬件和软件两者缺一不可，如图 2.1 所示。计算机软、硬件之间是一种相互依靠、相辅相成的关系，如果没有软件，计算机便无法正常工作（通常将没有安装任何软件的计算机称为"裸机"）；反之，如果没有硬件的支持，计算机软件便没有运行的环境，再优秀的软件也无法把它的性能体现出来。因此，计算机硬件是计算机软件的物质基础，计算机软件必须建立在计算机硬件的基础上才能运行。

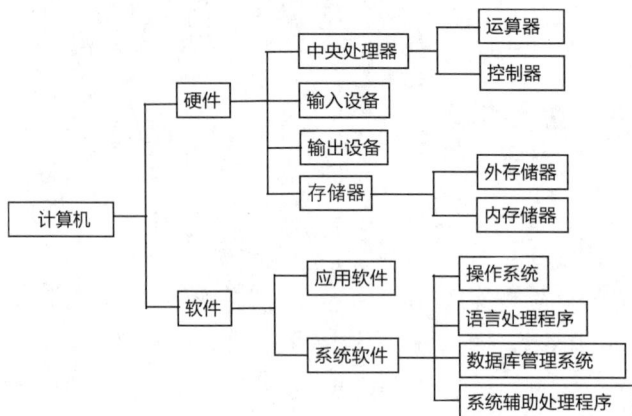

图 2.1　计算机的组成

2.1　任务一　认识计算机的硬件系统

2.1.1　计算机的基本结构

　　尽管各种计算机在性能和用途等方面都有所不同，但是其基本结构都遵循冯·诺依曼体系机构，因此人们便将符合这种设计的计算机称为冯·诺依曼计算机。

　　冯·诺依曼体系结构的计算机主要由运算器、控制器、存储器、输入和输出设备5个部分组成，这5个组成部分的职能和相互关系如图2.2所示。从图中可知，计算机工作的核心是控制器、运算器和存储器3个部分。其中，控制器是计算机的指挥中心，它根据程序执行每一条指令，并向存储器、运算器以及输入/输出设备发出控制信号，控制计算机自动地、有条不紊地进行工作。运算器在控制器的控制下对存储器里所提供的数据进行各种算术运算（加、减、乘、除）、逻辑运算（与、或、非）和其他处理（存数、取数等）。控制器与运算器构成了中央处理器（Central Processing Unit，CPU），被称为"计算机的心脏"。存储器是计算机的记忆装置，它以二进制的形式存储程序和数据，可以分为外存储器和内存储器。内存储器是影响计算机运行速度的主要因素之一，外存储器主要有光盘、软盘和U盘等。存储器中能够存放的最大信息数量称为存储容量，常见的存储单位有KB、MB、GB和TB等。

　　输入设备是计算机中重要的人机接口，用于接收用户输入的命令和程序等信息，并负责将命令转换成计算机能够识别的二进制代码，放入内存中，输入设备主要包括键盘、鼠标等。输出设备用于将计算机处理的结果以人们可以识别的信息形式输出，常用的输出设备有显示器、打印机等。

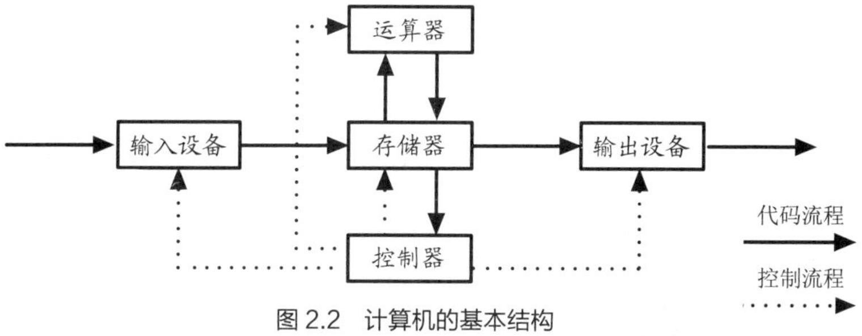

图 2.2 计算机的基本结构

2.1.2 计算机的工作原理

根据冯·诺依曼体系结构，计算机内部以二进制的形式表示和存储指令及数据，要让计算机工作，就必须先把程序编写出来，然后将编写好的程序和原始数据存入存储器中，接下来计算机在不需要人员干预的情况下，自动逐条读取并执行指令，因此，计算机只能执行指令并被指令所控制。

指令是指挥计算机工作的指示和命令，程序是一系列按一定顺序排列的指令，每条指令通常是由操作码和操作数两部分组成，操作码表示运算性质，操作数指参加运算的数据及其所在的单元地址。执行程序和指令的过程就是计算机的工作过程。

计算机执行一条指令时，首先是从存储单元地址中读取指令，并把它放到 CPU 内部的指令寄存器暂存；然后由指令译码器分析该指令（译码），即根据指令中的操作码确定计算机应进行什么操作；最后是执行指令，即根据指令分析结果，由控制器发出完成操作所需的一系列控制电位，以便指挥计算机有关部件完成这一操作，同时还为读取下一条指令做好准备，重复执行上述过程，直至执行到指令结束。

2.1.3 微型计算机的硬件组成

计算机硬件是指计算机中看得见、摸得着的一些实体设备。从外观上看，微型计算机主要由主机、显示器、鼠标和键盘等部分组成。其中，主机背面有许多插孔和接口，用于接通电源及连接键盘和鼠标等外设；主机箱内包括光驱、CPU、主板、内存和硬盘等硬件。图 2.3 所示为微型计算机的外观组成及主机内部硬件。

1. 微处理器

微处理器是由一片或少数几片大规模集成电路组成的中央处理器（CPU），这些电路执行控制部件和算术逻辑部件的功能。CPU 既是计算机的指令中枢，也是系统的最高执行单位，如图 2.4 所示。CPU 主要负责指令的执行，作为计算机系统的核心组件，在计算机系统中占有举足轻重的地位，也是影响计算机系统运算速度的重要因素。目前，CPU 的生

产厂商主要有 Intel、AMD、威盛（VIA）和龙芯（Loongson），市场上主要销售的 CPU
的品牌是 Intel 和 AMD。

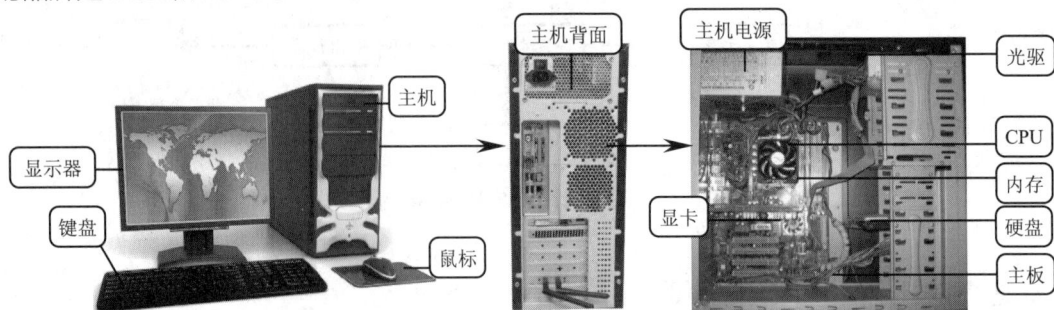

图 2.3　微型计算机的外观组成和主机内部硬件

2.　主板

　　主板（MainBoard）也称为"母板（Mother Board）"或"系
统板（System Board）"，它是机箱中最重要的电路板，如图 2.5
所示。主板上布满了各种电子元器件、插座、插槽和各种外部接
口，它可以为计算机的所有部件提供插槽和接口，并通过其中的
线路统一协调所有部件的工作。

图 2.4　CPU

　　主板上主要的芯片包括 BIOS 芯片和南北桥芯片。其中，BIOS 芯片是一块矩形的存
储器，里面存有与该主板搭配的基本输入/输出系统程序，能够让主板识别各种硬件，还可
以设置引导系统的设备和调整 CPU 外频等，如图 2.6 所示。南北桥芯片通常由南桥芯片
和北桥芯片组成，南桥芯片主要负责硬盘等存储设备和 PCI 总线之间的数据流通，北桥芯
片主要负责处理 CPU、内存和显卡三者间的数据交流。

图 2.5　主板

图 2.6　主板上的 BIOS 芯片

3.　总线

　　总线（Bus）是计算机各种功能部件之间传送信息的公共通信干线，主机的各个部件
通过总线相连接，外部设备通过相应的接口电路与总线相连接，从而形成了计算机硬件系
统，因此总线被形象地比喻为"高速公路"。按照计算机所传输的信息类型，总线可以分为
数据总线、地址总线和控制总线，分别用来传输数据、数据地址和控制信号。

　　● 数据总线。数据总线用于在 CPU 与 RAM（随机存取存储器）之间来回传送需处理、
存储的数据。

- 地址总线。地址总线上传送的是 CPU 向存储器、输入/输出接口设备发出的地址信息。
- 控制总线。控制总线用来传送控制信息，这些控制信息包括 CPU 对内存和输入/输出接口的读写信号，输入/输出接口对 CPU 提出的中断请求等信号，以及 CPU 对输入/输出接口的回答与响应信号，输入/输出接口的各种工作状态信号和其他各种功能控制信号。

目前，常见的总线标准有 ISA 总线、PCI 总线、AGP 总线和 EISA 总线。

4．内存

计算机中的存储器包括内存储器和外存储器两种，其中，内部存储器也叫主存储器，简称内存。内存是计算机中用来临时存放数据的地方，也是 CPU 处理数据的中转站，内存的容量和存取速度直接影响 CPU 处理数据的速度，图 2.7 所示为内存条。内存主要由内存芯片、电路板和金手指等部分组成。

从工作原理上说，内存一般采用半导体存储单元，包括随机存取存储器（RAM）、只读存储器（ROM）和高速缓冲存储器（Cache）。平常所说的内存通常是指随机存取存储器，它既可以从中读取数据，也可以写入数据，当计算机电源关闭时，存于其

图 2.7　内存条

中的数据会丢失；只读存储器的信息只能读出，一般不能写入，即使停电，这些数据也不会丢失，如 BIOS ROM；高速缓冲存储器是指介于 CPU 与内存之间的高速存储器（通常由静态存储器 SRAM 构成）。

内存按工作性能分类，主要有 DDR SDRAM、DDR2 和 DDR3 等。目前市场上的主流内存为 DDR3，其数据传输能力要比 DDR2 强大，能够达到 2000 MHz 的速度，其内存容量一般为 2 GB 和 4 GB。一般而言，内存容量越大越有利于系统的运行。

5．外存

外存储器简称外存，是指除计算机内存及 CPU 缓存以外的存储器，此类存储器一般断电后仍然能保存数据，常见的外存储器有硬盘、光盘和可移动存储器（如 U 盘等）。

- 硬盘。硬盘（见图 2.8）是计算机中最大的存储设备，通常用于存放永久性的数据和程序。硬盘的内部结构比较复杂，主要由主轴电机、盘片、磁头和传动臂等部件组成，在硬盘中通常将磁性物质附着在盘片上，并将盘片安装在主轴电机上，当硬盘开始工作时，主轴电机将带动盘片一起转动，在盘片表面的磁头将在电路和传动臂的控制下进行移动，并将指定位置的数据读取出来，或将数据存储到指定的位置。硬盘容量是选购硬盘的主要性能指标之一，包括总容量、单碟容量和盘片数 3 个参数，其中，总容量是表示硬盘能够存储多少数据的一项重要指标，通常以 GB 为单位，目前主流的硬盘容量从 40 GB～4 TB 不等。此外，通常对硬盘的分类是按照其接口的类型进行的，主要有 ATA 和 SATA 两种接口类型。

- 光盘。光盘驱动器简称光驱（见图 2.9），光驱用来存储数据的介质称为光盘，光盘是以光信息作为存储的载体并用来存储数据，其特点是容量大、成本低和保存时间长。光盘可分为不可擦写光盘（即只读型光盘，如 CD-ROM、DVD-ROM 等）、可擦写光盘（如 CD-RW、DVD-RAM 等）。目前，CD 光盘的容量约为 700 MB，DVD 光盘容量约为 4.7 GB。

- 可移动存储设备。可移动存储设备包括移动 USB 盘（简称 U 盘）和移动硬盘等，这类设备即插即用，容量也能满足人们的需求，是计算机必不可少的附属配件。图 2.10 所示为 U 盘。

图 2.8　硬盘　　　　　　　图 2.9　光驱　　　　　　　图 2.10　U 盘

6. 输入设备

输入设备是向计算机输入数据和信息的设备，是用户和计算机系统之间进行信息交换的主要装置，用于将数据、文本和图形等转换为计算机能够识别的二进制代码并将其输入计算机，键盘、鼠标、摄像头、扫描仪、光笔、手写输入板、游戏杆和语音输入装置等都属于输入设备。下面介绍常用的 3 种输入设备。

- 鼠标。鼠标是计算机的主要输入设备之一，因为其外形与老鼠类似，所以被称为"鼠标"。根据鼠标按键可以将鼠标分为 3 键鼠标和两键鼠标；根据鼠标的工作原理可以将其分为机械鼠标和光电鼠标。另外，还包括无线鼠标和轨迹球鼠标。

- 键盘。键盘是计算机的另一种主要输入设备，是用户和计算机进行交流的工具，可以直接向计算机输入各种字符和命令，简化计算机的操作。不同生产厂商所生产出的键盘型号各不相同，目前常用的键盘有 107 个键位。

- 扫描仪。扫描仪是利用光电技术和数字处理技术，以扫描方式将图形或图像信息转换为数字信号的设备，其主要功能是文字和图像的扫描输入。

7. 输出设备

输出设备是计算机硬件系统的终端设备，用于将各种计算结果数据或信息转换成用户能够识别的数字、字符、图像和声音等形式。常见的输出设备有显示器、打印机、绘图仪、影像输出系统、语音输出系统和磁记录设备等。下面介绍常用的 4 种输出设备。

- 显示器。显示器是计算机的主要输出设备，其作用是将显卡输出的信号（模拟信号或数字信号）以肉眼可见的形式表现出来。目前主要有两种显示器，一种是使用阴极射线管的显示器（CRT 显示器），另一种是液晶显示器（LCD 显示器），如图 2.11 所示。LCD

显示器是目前市场上的主流显示器,具有无辐射危害、屏幕不会闪烁、工作电压低、功耗小、重量轻和体积小等优点,但 LCD 显示器的画面颜色逼真度不及 CRT 显示器。显示器的尺寸包括 17 英寸、19 英寸、20 英寸、22 英寸、24 英寸和 26 英寸等。

图 2.11　CRT 显示器和 LCD 显示器

● 音箱。音箱在音频设备中的作用类似于显示器,可直接连接到声卡的音频输出接口中,并将声卡传输的音频信号输出为人们可以听到的声音。

● 打印机。打印机也是计算机常见的一种输出设备,在办公中经常会用到,其主要功能是将文字和图像进行打印输出。

● 耳机。耳机是一种音频设备,它接收媒体播放器或接收器所发出的信号,利用贴近耳朵的扬声器将其转化成可以听到的声音。

2.2　任务二　掌握鼠标和键盘的基本操作

2.2.1　鼠标的基本操作

操作系统进入图形化时代后,鼠标就成为计算机必不可少的输入设备。启动计算机后,首先使用的便是鼠标,因此鼠标操作是初学者必须掌握的基本技能。

1. 手握鼠标的方法

鼠标左边的按键称为鼠标左键,鼠标右边的按键称为鼠标右键,鼠标中间可以滚动的按键称为鼠标中键或鼠标滚轮。手握鼠标的正确方法是:食指和中指自然放置在鼠标的左键和右键上,拇指横向放于鼠标左侧,无名指和小指放在鼠标的右侧,拇指与无名指及小指轻轻握住鼠标,手掌心轻轻贴住鼠标后部,手腕自然垂放在桌面上,食指控制鼠标左键,中指控制鼠标右键和滚轮,如图 2.12 所示。当需要使用鼠标滚动页面时,用中指滚动鼠标的滚轮即可。

图 2.12　手握鼠标的方法

微课: 鼠标的 5 种基本操作

2. 鼠标的 5 种基本操作

鼠标的基本操作包括移动定位、单击、拖动、右击和双击 5 种,具体操作如下。

● 移动定位。移动定位的方法是握住鼠标，在光滑的桌面或鼠标垫上移动，此时，在显示屏幕上的鼠标指针会同步移动，将鼠标指针移到桌面上的某一对象上停留片刻，这就是定位操作，被定位的对象通常会出现相应的提示信息。

● 单击。单击俗称点击，方法是先移动鼠标，将鼠标指针指向某个对象，然后用食指按下鼠标左键后快速松开按键，鼠标左键将自动弹起还原。单击操作常用于选择对象，被选择的对象呈高亮显示。

● 拖动。拖动是指将鼠标指针指向某个对象后按住鼠标左键不放，然后移动鼠标把对象从屏幕的一个位置拖动到另一个位置，最后释放鼠标左键即可，这个过程也被称为"拖曳"。拖动操作常用于移动对象。

● 右击。右击就是单击鼠标右键，方法是用中指按一下鼠标右键，松开按键后鼠标右键将自动弹起还原。右击操作常用于打开与对象相关的快捷菜单。

● 双击。双击是指用食指快速、连续地按鼠标左键两次，双击操作常用于启动某个程序、执行任务和打开某个窗口或文件夹。

2.2.2 键盘的基本操作

键盘是计算机中非常重要的输入设备，必须掌握其各个按键的作用和指法，才能达到快速输入的目的。

1. 认识键盘的结构

以常用的 107 键键盘为例，键盘按照各键功能的不同可以分为主键盘区、编辑键区、小键盘区、状态指示灯区和功能键区 5 个部分，如图 2.13 所示。

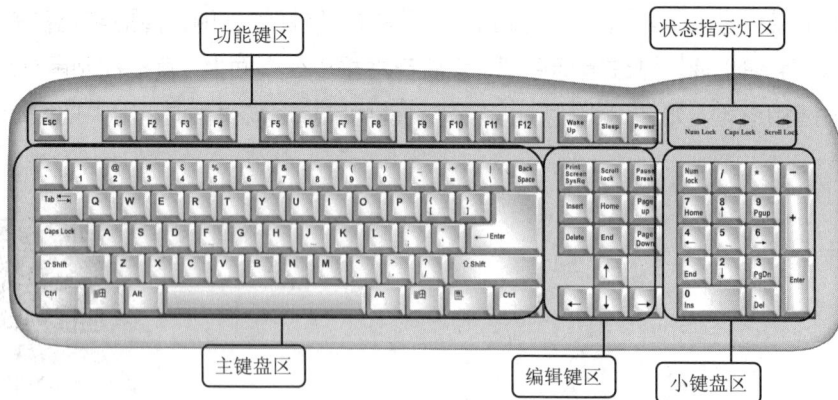

图 2.13 键盘的 5 个部分

● 主键盘区。主键盘区用于输入文字和符号，包括字母键、数字键、符号键、控制键和Windows 功能键，共 5 排 61 个键。其中，字母键【A】~【Z】用于输入 26 个英文字母；

数字键【0】~【9】用于输入相应的数字和符号。每个数字键的键位由上、下两种字符组成，又称为双字符键，单独敲这些键，将输入下挡字符，即数字；如果按住【Shift】键不放再敲击该键位，将输入上挡字符，即特殊符号；符号键除了键位于主键盘区的左上角外，其余都位于主键盘区的右侧，与数字键一样，每个符号键位也由上、下两种不同的符号组成。各控制键和 Windows 功能键的作用如表 2.1 所示。

表 2.1　控制键和 Windows 功能键的作用

按键	作用
【Tab】键	Tab 是英文"Table"的缩写，也称制表定位键。每按一次该键，鼠标光标向右移动 8 个字符，常用于文字处理中的对齐操作
【Caps Lock】键	大写字母锁定键，系统默认状态下输入的英文字母为小写，按下该键后输入的字母为大写字母，再次按下该键可以取消大写锁定状态
【Shift】键	主键盘区左右各有一个，功能完全相同，主要用于输入上挡字符，以及用于字母键的大写英文字符的输入。例如，按下【Shift】键不放再按【A】键，可以输入大写字母"A"
【Ctrl】键和【Alt】键	分别在主键盘区左右下角各有一个，常与其他键组合使用，在不同的应用软件中，其作用也各不相同
空格键	空格键位于主键盘区的下方，其上面无刻记符号，每按一次该键，将在鼠标光标当前位置上产生一个空字符，同时鼠标光标向右移动一个位置
【Back Space】键	退格键。每按一次该键，可使鼠标光标向左移动一个位置，若光标位置左边有字符，将删除该位置上的字符
【Enter】键	回车键。它有两个作用：一是确认并执行输入的命令；二是在输入文字时按此键，鼠标光标移至下一行行首
Windows 功能键	主键盘区左右各有一个键，该键面上刻有 Windows 窗口图案，称为"开始菜单"键，在 Windows 操作系统中，按下该键后将弹出"开始"菜单；主键盘区右下角的键称为"快捷菜单"键，在 Windows 操作系统中，按该键后会弹出相应的快捷菜单，其功能相当于单击鼠标右键

● 编辑键区。编辑键区主要用于编辑过程中的鼠标光标控制，各键的作用如图 2.14 所示。

● 小键盘区。小键盘区主要用于快速输入数字及进行鼠标光标移动控制。当要使用小键盘区输入数字时，应先按左上角的【Num Lock】键，此时状态指示灯区第 1 个指示灯亮，表示此时为数字状态，然后进行输入即可。

● 状态指示灯区。状态指示灯区主要用来提示小键盘工作状态、大小写状态及滚屏锁定键的状态。

● 功能键区。功能键区位于键盘的顶端，其中【Esc】键用于把已输入的命令或字符串取消，在一些应用软件中常起到退出的作用；【F1】~【F12】键称为功能键，在不同的软件中，各个键的功能有所不同，一般在程序窗口中按【F1】键可以获取该程序的帮助信息；【Power】键、【Sleep】键和【Wake Up】键分别用来控制电源、转入睡眠状态和唤醒睡眠状态。

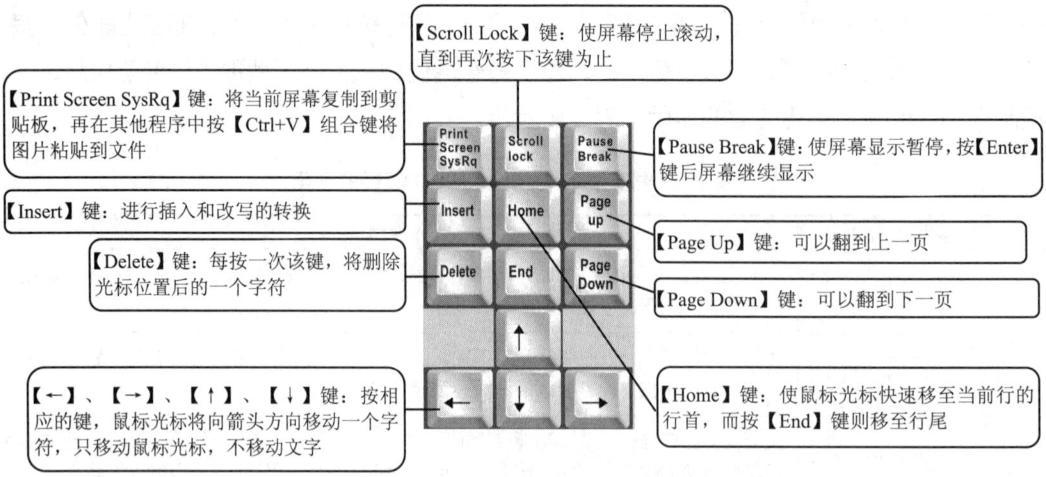
【Scroll Lock】键：使屏幕停止滚动，直到再次按下该键为止
【Print Screen SysRq】键：将当前屏幕复制到剪贴板，再在其他程序中按【Ctrl+V】组合键将图片粘贴到文件
【Pause Break】键：使屏幕显示暂停，按【Enter】键后屏幕继续显示
【Insert】键：进行插入和改写的转换
【Page Up】键：可以翻到上一页
【Delete】键：每按一次该键，将删除光标位置后的一个字符
【Page Down】键：可以翻到下一页
【←】、【→】、【↑】、【↓】键：按相应的键，鼠标光标将向箭头方向移动一个字符，只移动鼠标光标，不移动文字
【Home】键：使鼠标光标快速移至当前行的行首，而按【End】键则移至行尾
Print Screen SysRq
Scroll lock
Pause Break
Insert
Home
Page up
Delete
End
Page Down
图 2.14　编辑键区各键位的作用

2. 键盘的操作与指法

首先，正确的打字姿势可以提高打字速度，减少疲劳程度，这点对于初学者非常重要。正确的打字姿势包括：身体坐正，双手自然地放在键盘上，腰部挺直，上身微前倾；双脚的脚尖和脚跟自然地放在地面上，大腿自然平直；坐椅的高度与计算机键盘、显示器的放置高度要适中，一般以双手自然垂放在键盘上时肘关节略高于手腕为宜，显示器的高度则以操作者坐下后，其目光水平线处于屏幕上的 2/3 处为优，如图 2.15 所示。

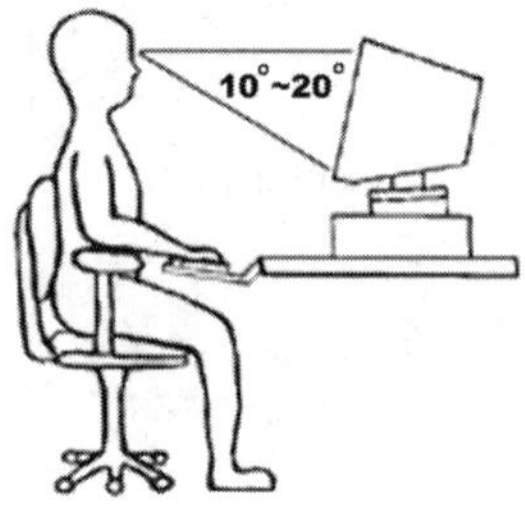
10°~20°
图 2.15　打字姿势

准备打字时，将左手的食指放在【F】键上，右手的食指放在【J】键上，这两个键下方各有一个突起的小横杠，用于左、右手的定位，其他的手指（除拇指外）按顺序分别放置在相邻的 6 个基准键位上，双手的大拇指放在空格键上。8 个基准键位是指主键盘区第 2 排字母键中的“【A】【S】【D】【F】【J】【K】【L】【;】”8 个键，如图 2.16 所示。

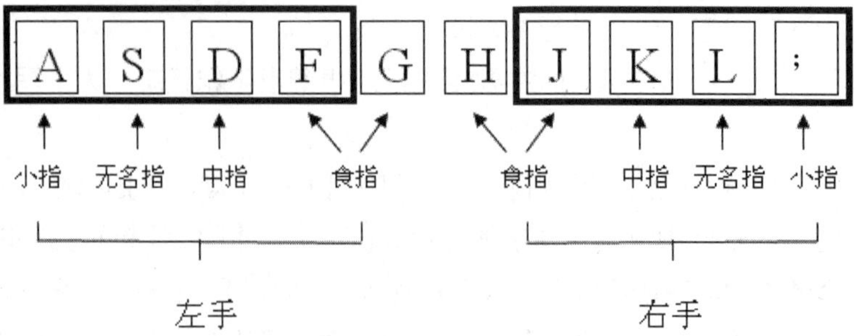
A S D F G H J K L ;
小指 无名指 中指 食指
食指 中指 无名指 小指
左手
右手
图 2.16　8 个基准键及手指的对应关系

打字时键盘的指法分区是：除拇指外，其余 8 个手指各有一定的活动范围，把字符键位划分成 8 个区域，每个手指负责该区域字符的输入，如图 2.17 所示。击键的要点及注意事项包括以下 6 点。

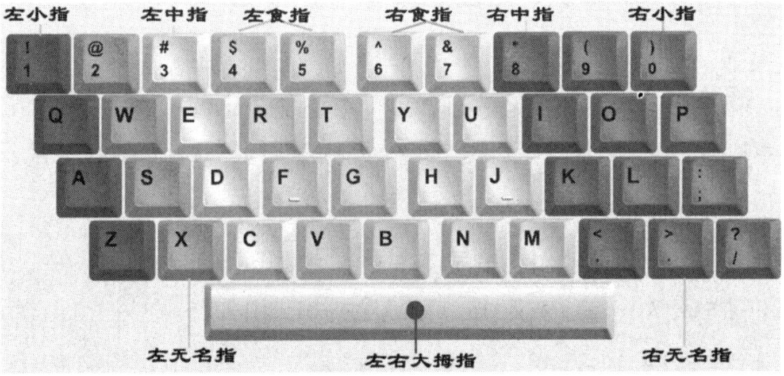

图 2.17　键盘的指法分区

- 手腕要平直，胳膊应尽可能保持不动。
- 要严格按照手指的键位分工进行击键，不能随意击键。
- 击键时以手指指尖垂直向键位使用冲力，并立即反弹，不可用力太大。
- 左手击键时，右手手指应放在基准键位上保持不动；右手击键时，左手手指也应放在基准键位上保持不动。
- 击键后手指要迅速返回相应的基准键位。
- 不要长时间按住一个键不放，同时击键时应尽量不看键盘，以养成盲打的习惯。

2.3　任务三　了解计算机的软件系统

2.3.1　计算机软件的定义

计算机软件（Computer Software）简称软件，是指计算机系统中的程序及其文档，程序是计算任务的处理对象和处理规则的描述，是按照一定顺序执行的、能够完成某一任务的指令集合，而文档则是为了便于了解程序所需的说明性资料。

计算机之所以能够按照用户的要求运行，是因为计算机采用了程序设计语言（计算机语言），该语言是人与计算机之间沟通时需要使用的语言，用于编写计算机程序，计算机可通过该程序控制其工作流程，从而完成特定的设计任务。可以说，程序语言是计算机软件的基础和组成部分。

计算机软件总体分为系统软件和应用软件两大类。

2.3.2　认识系统软件

系统软件是指控制和协调计算机及外部设备，支持应用软件开发和运行的系统，其主要功能是调度、监控和维护计算机系统，同时负责管理计算机系统中各种独立的硬件，使它们可以协调工作。系统软件是应用软件运行的基础，所有应用软件都是在系统软件上运行的。

系统软件主要分为操作系统、语言处理程序、数据库管理系统和系统辅助处理程序等，具体介绍如下。

- 操作系统。操作系统（Operating Systems,OS）是计算机系统的指挥调度中心，它可以为各种程序提供运行环境。常见的操作系统有 DOS、Windows、UNIX 和 Linux 等，如本章任务四中讲解的 Windows 7 就是一个操作系统。

- 语言处理程序。语言处理程序是为用户设计的编程服务软件，用来编译、解释和处理各种程序所使用的计算机语言，是人与计算机相互交流的一种工具，包括机器语言、汇编语言和高级语言 3 种。计算机只能直接识别和执行机器语言，因此要在计算机上运行高级语言程序就必须配备程序语言翻译程序，翻译程序本身是一组程序，不同的高级语言都有相应的翻译程序。

- 数据库管理系统。数据库管理系统（Database Management System,DBMS）是一种操作和管理数据库的大型软件，它是位于用户和操作系统之间的数据管理软件，也是用于建立、使用和维护数据库的管理软件，它可以把不同性质的数据进行组织，以便能够有效地查询、检索和管理这些数据。常用的数据库管理系统有 SQL Server、Oracle 和 Access 等。

- 系统辅助处理程序。系统辅助处理程序也称为软件研制开发工具或支撑软件，主要有编辑程序、调试程序、装备和连接程序等，这些程序的作用是维护计算机的正常运行，如 Windows 操作系统中自带的磁盘整理程序等。

2.3.3　认识应用软件

应用软件是指一些具有特定功能的软件，是为解决各种实际问题而编制的程序，包括各种程序设计语言，以及用各种程序设计语言编制的应用程序。计算机中的应用软件种类非常繁多，这些软件能够帮助用户完成特定的任务，如要编辑一篇文章可以使用 Word，要制作一份报表可以使用 Excel，这类软件都属于应用软件。表 2.2 中列举了一些主要应用领域的应用软件，用户可以结合工作或生活的需要进行选择。

微课：认识应用软件

表 2.2　主要应用领域的应用软件

软件种类	举例
办公软件	Microsoft Office、WPS Office
图形处理与设计	Photoshop、3ds Max 和 AutoCAD
程序设计	Visual C++、Visual Studio、Delphi
图文浏览软件	ACDSee、Adobe Reader、超星图书阅览器、ReadBook

续表

软件种类	举例
翻译与学习	金山词霸、金山快译和金山打字通
多媒体播放和处理	Windows Media Player、酷狗音乐、会声会影、Premiere
网站开发	Dreamweaver、Flash
磁盘分区	Fdisk、PartitionMagic
数据备份与恢复	Norton Ghost、FinalData、EasyRecovery
网络通信	腾讯 QQ、Foxmail
上传与下载	CuteFTP、FlashGet、迅雷
计算机病毒防护	金山毒霸、360 杀毒、木马克星

2.4 任务四　初识 Windows 7 操作系统

2.4.1　了解操作系统的概念、功能与种类

在认识 Windows 7 操作系统前，先了解操作系统的概念、功能与种类。

1. 操作系统的概念

操作系统是一种系统软件，用于管理计算机系统的硬件与软件资源，控制程序的运行，改善人机操作界面，为其他应用软件提供支持等，从而使计算机系统所有资源最大限度地发挥应用，并为用户提供了方便、有效、友善的服务界面。操作系统是一个庞大的管理控制程序，它直接运行在计算机硬件上，是最基本的系统软件，也是计算机系统软件的核心，同时还是靠近计算机硬件的第一层软件，其所处的地位如图 2.18 所示。

2. 操作系统的功能

通过前面介绍的操作系统的概念可以看出，操作系统的功能是控制和管理计算机的硬件资源和软件资源，从而提高计算机的利用率，方便用户使用。具体来说，它包括以下 6 个方面的管理功能。

图 2.18　操作系统的地位

• 进程与处理机管理。通过操作系统处理机管理模块来确定对处理机的分配策略，实施对进程或线程的调度和管理，包括调度（作业调度、进程调度）、进程控制、进程同步和进程通信等内容。

• 存储管理。存储管理的实质是对存储"空间"的管理，主要指对内存的管理。操作系统的存储管理负责将内存单元分配给需要内存的程序以便让它执行，在程序执行结束后再将程序占用的内存单元收回以便再使用。此外，存储管理还要保证各用户进程之间互不影响，保证用户进程不能破坏系统进程，并提供内存保护。

- 设备管理。设备管理指对硬件设备的管理，包括对各种输入/输出设备的分配、启动、完成和回收。
- 文件管理。文件管理又称信息管理，指利用操作系统的文件管理子系统，为用户提供一个方便、快捷、可以共享、同时又提供保护的文件的使用环境，包括文件存储空间管理、文件操作、目录管理、读写管理和存取控制。
- 网络管理。随着计算机网络功能的不断加强，网络应用不断深入人们生活的各个角落，因此操作系统必须具备计算机与网络进行数据传输和网络安全防护的功能。
- 提供良好的用户界面。操作系统是计算机与用户之间的接口，因此，操作系统必须为用户提供一个良好的用户界面。

3. 操作系统的种类

操作系统可以从以下 3 个角度分类。

- 从用户角度分类，操作系统可分为 3 种：单用户、单任务（如 DOS 操作系统），单用户、多任务（如 Windows 9X 操作系统），多用户、多任务（如 Windows 7 操作系统）。
- 从硬件的规模角度分类，操作系统可分为微型机操作系统、中小型机操作系统和大型机操作系统 3 种。
- 从系统操作方式的角度分类，操作系统可分为批处理操作系统、分时操作系统、实时操作系统、PC 操作系统、网络操作系统和分布式操作系统 6 种。

目前微机上常见的操作系统有 DOS、OS/2、UNIX、Linux、Windows 和 Netware 等，虽然操作系统的型态非常多样，但所有的操作系统都具有并发性、共享性、虚拟性和不确定性 4 个基本特征。

◎相关知识：

多用户就是在一台计算机上可以建立多个用户，单用户就是一台计算机上只能建立一个用户。如果用户在同一时间可以运行多个应用程序（每个应用程序被称作一个任务），则这样的操作系统被称为多任务操作系统；在同一时间只能运行一个应用程序，则称为单任务操作系统。

4. Windows 操作系统的发展史

微软自 1985 年推出 Windows 操作系统以来，其版本从最初运行在 DOS 下的 Windows 3.0，到现在风靡全球的 Windows XP、Windows 7、Windows 8 和最新发布的 Windows 10。Windows 操作系统的发展主要经历了以下 10 个阶段。

- Windows 是由微软在 1983 年 11 月宣布，并在 1985 年 11 月发行的，标志着计算机开始进入了图形用户界面时代。1987 年 11 月 Windows 2.0 正式在市场上推出，增强了键盘和鼠标界面。
- 1990 年 5 月微软发布了 Windows 3.0，它是第一个在家用和办公市场上取得立足点的版本。

- 1992 年 4 月发布的 Windows 3.1，只能在保护模式下运行，并且要求至少配置了 1 MB 内存的 286 或 386 处理器的 PC。1993 年 7 月发布的 Windows NT 是第一个支持 Intel 386、486 和 Pentium CPU 的 32 位保护模式的版本。
- 1995 年 8 月发布的 Windows 95，具有需要较少硬件资源的优点，是一个完整的、集成化的 32 位操作系统。
- 1998 年 6 月发布的 Windows 98，具有许多加强功能，包括执行效能的提高、更好的硬件支持以及网络功能的扩大。
- 2000 年 2 月发布的 Windows 2000 是由 Windows NT 发展而来的，同时从该版本开始，正式抛弃了 Windows 9X 的内核。
- 2001 年 10 月发布的 Windows XP，在 Windows 2000 的基础上增强了安全特性，同时加大了验证盗版的技术，Windows XP 是最为易用的操作系统之一。此后，于 2006 年发布的 Windows Vista，具有华丽的界面和炫目的特效。
- 2009 年 10 月发布的 Windows 7，该版本吸收了 Windows XP 的优点，已成为当前市场上的主流操作系统之一。
- 2012 年 10 月发布的 Windows 8，采用全新的用户界面，被应用于个人计算机和平板电脑上，且启动速度更快、占用内存更少，并兼容 Windows 7 所支持的软件和硬件。
- Windows 10 是微软于 2015 年发布的一个 Windows 版本，自 2014 年 10 月 1 日开始公测，Windows 10 经历了 Technical Preview（技术预览版）及 Insider Preview（内测者预览版）。

2.4.2 初识 Windows 7

1. Windows 7 窗口

在 Windows 7 中，几乎所有的操作都要在窗口中完成，在窗口中的相关操作一般是通过鼠标和键盘来进行的。例如，双击桌面上的"计算机"图标，打开"计算机"窗口，如图 2.19 所示，这是一个典型的 Windows 7 窗口，各个组成部分的作用介绍如下。

- 标题栏：位于窗口顶部，右侧有控制窗口大小和关闭窗口的按钮。
- 地址栏：显示当前窗口文件在系统中的位置。其左侧包括"返回"按钮和"前进"按钮，用于打开最近浏览过的窗口。
- 搜索栏：用于快速搜索计算机中的文件。
- 菜单栏：主要用于存放各种操作命令，要执行菜单栏上的操作命令，只需单击对应的菜单名称，然后在弹出的菜单中选择某个命令即可。在 Windows 7 中，常用的菜单类型主要有菜单、子菜单和快捷菜单（如单击鼠标右键弹出的菜单），如图 2.20 所示。

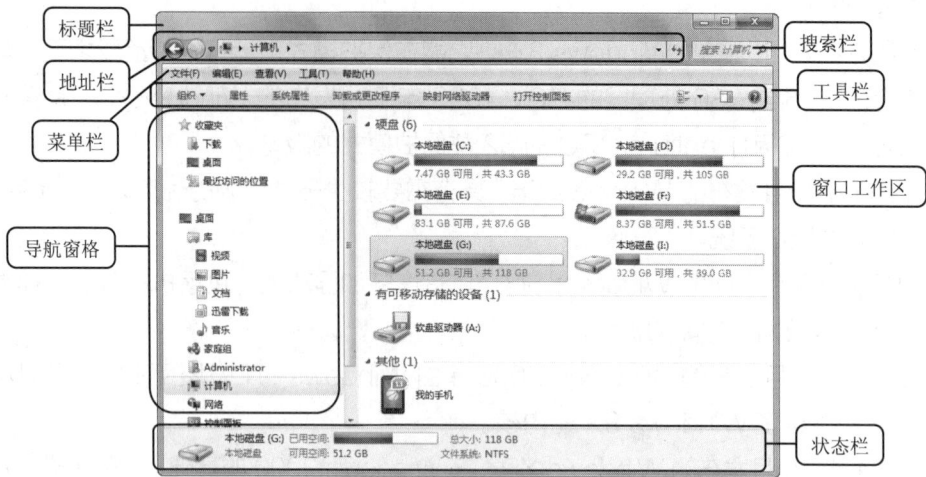

图 2.19 "计算机"窗口的组成

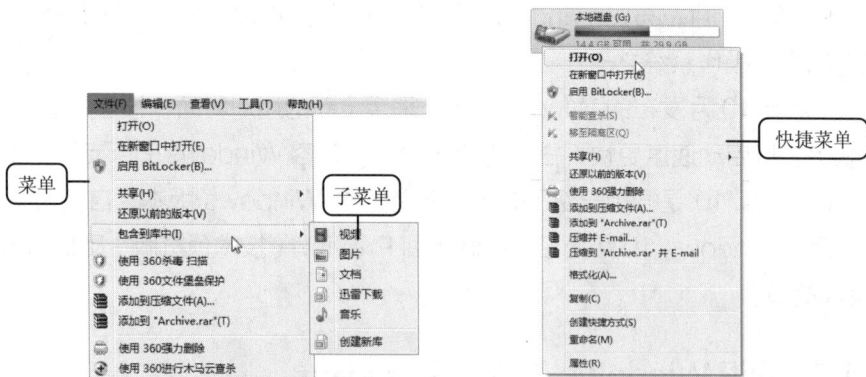

图 2.20 Windows 7 中的菜单类型

- 工具栏：会根据窗口中显示或选择的对象同步进行变化，以便用户进行快速操作。其中单击 组织▾ 按钮，可以在打开的下拉列表中选择各种文件管理操作，如复制和删除等操作。
- 导航窗格：单击可快速切换或打开其他窗口。
- 窗口工作区：用于显示当前窗口中存放的文件和文件夹内容。
- 状态栏：用于显示计算机的配置信息或当前窗口中选择对象的信息。

提示

在菜单中有一些常见的符号标记，其中，字母标记表示该命令的快捷键；✓标记表示已将该命令选中并应用了效果，同时其他相关的命令也将同时存在，可以同时应用；●标记表示已将该命令选中并应用，同时其他相关的命令将不再起作用；…标记表示执行该命令后，将打开一个对话框，可以进行相关的参数设置。

2. Windows 7 桌面

启动 Windows 7 后，在屏幕上即可看到 Windows 7 桌面。在默认情况下，Windows 7 的桌面由桌面图标、鼠标指针、任务栏和语言栏 4 个部分组成，如图 2.21 所示。下面分别对这 4 部分进行讲解。

图 2.21　Windows 7 的桌面

● 桌面图标。桌面图标一般是程序或文件的快捷方式，程序或文件的快捷图标左下角有一个小箭头。安装新软件后，桌面上一般会增加相应的快捷图标，如 "腾讯 QQ" 的快捷图标为 ，除此之外，还包括 "计算机" 图标 、"网络" 图标 、"回收站" 图标 和 "个人文件夹" 图标 等系统图标。双击桌面上的某个图标便可以打开该图标对应的窗口。

● 鼠标指针。在 Windows 7 操作系统中，鼠标指针在不同的状态下有不同的形状，这样可直观地告诉用户当前可进行的操作或系统状态。常用鼠标指针及其对应的状态如表 2.3 所示。

表 2.3　鼠标指针形状与含义

鼠标指针	表示的状态	鼠标指针	表示的状态	鼠标指针	表示的状态
↖	准备状态	↕	调整对象垂直大小	＋	精确调整对象
↖?	帮助选择	↔	调整对象水平大小	I	文本输入状态
↖°	后台处理	↘	等比例调整对象 1	⊘	禁用状态
↻	忙碌状态	↗	等比例调整对象 2	✎	手写状态
✜	移动对象	↑	候选	↰	超链接选择

● 任务栏。任务栏默认情况下位于桌面的最下方，由 "开始" 按钮 、任务区、通知区域和 "显示桌面" 按钮 （单击可快速显示桌面）4 个部分组成，如图 2.22 所示。

● 语言栏。在 Windows 7 中，语言栏一般浮动在桌面上，用于选择系统所用的语言和输入法。单击语言栏右上角的 "最小化" 按钮 ，将语言栏最小化到任务栏上，该按钮变为 "还原" 按钮 。

图 2.22　任务栏

3. Windows 7 对话框

对话框实际上是一种特殊的窗口，执行某些命令后将打开一个用于对该命令或操作对象进行下一步设置的对话框，用户可通过选择选项或输入数据来进行设置。选择不同的命令，所打开的对话框也各不相同，但其中包含的参数类型是类似的。图 2.23 所示为 Windows 7 对话框中各组成元素的名称。

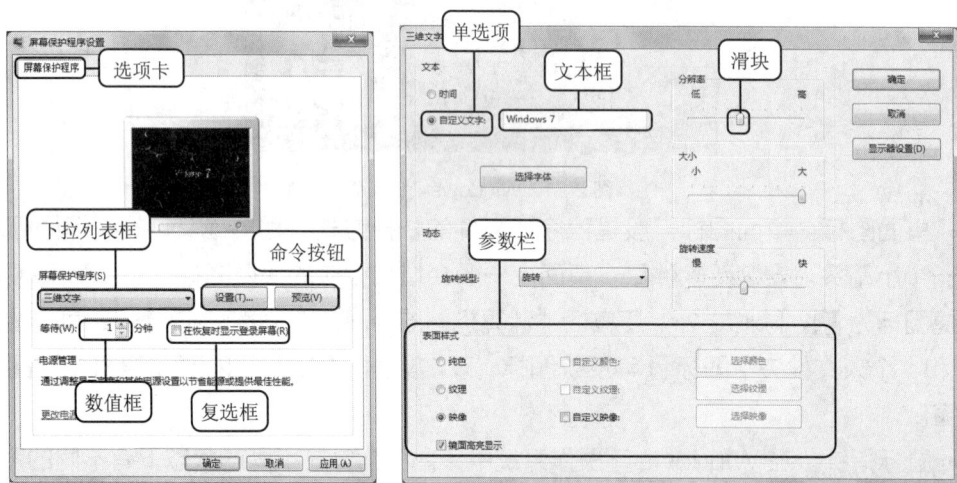

图 2.23　Windows 7 对话框

- 选项卡。当对话框中有很多内容时，Windows 7 将对话框按类别分成几个选项卡，每个选项卡都有一个名称，并依次排列在一起，单击其中一个选项卡，将会显示其相应的内容。

- 下拉列表框。下拉列表框中包含多个选项，单击下拉列表框右侧的▽按钮，将打开一个下拉列表，从中可以选择所需的选项。

- 命令按钮。命令按钮用来执行某一操作，如 设置(T)... 、 预览(V) 和 应用(A) 等都是命令按钮。单击某一命令按钮将执行与其名称相应的操作，一般单击对话框中的 确定 按钮，表示关闭对话框，并保存所做的全部更改；单击 取消 按钮，表示关闭对话框，但不保存任何更改；单击 应用(A) 按钮，表示保存所有更改，但不关闭对话框。

- 数值框。数值框是用来输入具体数值的。如图 2.23 左侧所示的"等待"数值框用于输入屏幕保护激活的时间。用户可以直接在数值框中输入具体数值，也可以单击数值框右侧的"调整"按钮 ⬍ 调整数值。单击▲按钮可按固定步长增加数值，单击▼按钮可按固定步长减小数值。

- 复选框。复选框是一个小的方框，用来表示是否选择该选项，可同时选择多个选项。

当复选框没有被选中时外观为 ☐，被选中时外观为 ☑。若要单击选中或撤销选中某个复选框，只需单击该复选项前的方框即可。

- 单选项。单选项前有一个小圆圈，用来表示是否选择该选项，只能选择选项组中的一个选项。当单选项没有被选中时外观为 ◯，被选中时外观为 ◉。若要单击选中或撤销选中某个单选项，只需单击该单选项前的圆圈即可。

- 文本框。文本框在对话框中为一个空白方框，主要用于输入文字。

- 滑块。有些选项是通过左右或上下拉动滑块来设置相应数值的。

- 参数栏。参数栏主要是将当前选项卡中用于设置某一效果的参数放在一个区域，以方便使用。

4. "开始"菜单

单击桌面任务栏左下角的"开始"按钮 ⊛，即可打开"开始"菜单，计算机中几乎所有的应用都可在"开始"菜单中执行。"开始"菜单是操作计算机的重要门户，即使桌面上没有文件或程序显示，通过"开始"菜单也能轻松找到相应的程序。"开始"菜单主要组成部分如图 2.24 所示。

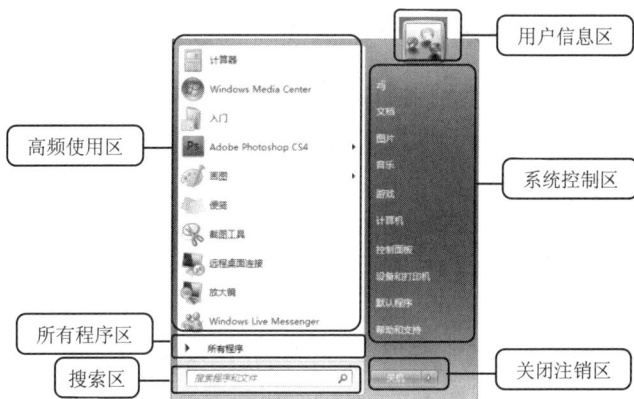

图 2.24 认识"开始"菜单

"开始"菜单各个部分的作用介绍如下。

- 高频使用区：根据用户使用程序的频率，Windows 会自动将使用频率较高的程序显示在该区域中，以便用户能快速地启动所需程序。

- 所有程序区：选择"所有程序"命令，高频使用区将显示计算机中已安装的所有程序的启动图标或程序文件夹，选择某个选项可启动相应的程序，此时"所有程序"命令也会变为"返回"命令。

- 搜索区：在"搜索"区的文本框中输入关键字后，系统将搜索计算机中所有与关键字相关的文件和程序等信息，搜索结果将显示在上方的区域中，单击即可打开相应的文件或程序。

- 用户信息区：显示当前用户的图标和用户名，单击图标可以打开"用户账户"窗口，通过该窗口可更改用户账户信息，单击用户名将打开当前用户的用户文件夹。

- 系统控制区：显示了"计算机""网络"和"控制面板"等系统选项，选择相应的选项可以快速打开或运行程序，便于用户管理计算机中的资源。

- 关闭注销区：用于关闭、重启和注销计算机或进行用户切换、锁定计算机以及使计算机进入睡眠状态等操作。单击 关机 按钮时将直接关闭计算机，单击右侧的 ▶ 按钮，在打开的下拉列表中选择所需选项，即可执行对应操作。

2.4.3 子任务（一）掌握 Windows 7 的启动与退出

1. 启动 Windows 7

STEP 1 开启计算机主机箱和显示器的电源开关。

STEP 2 Windows 7 将载入内存，接着开始对计算机的主板和内存等进行检测，系统启动完成后将进入 Windows 7 欢迎界面。

STEP 3 选择用户并输入正确的密码。

◎相关知识：

若只有一个用户且没有设置用户密码，则直接进入系统桌面。如果系统存在多个用户且设置了用户密码，则需要选择用户并输入正确的密码才能进入系统。

微课：启动 Windows 7

2. 退出 Windows 7

计算机操作结束后需要退出 Windows 7。正确退出 Windows 7 并关闭计算机的操作步骤如下。

STEP 1 保存文件或数据，然后关闭所有打开的应用程序。

STEP 2 单击"开始"按钮 ⊞，在打开的"开始"菜单中单击 关机 ▶ 按钮即可，如图 2.25 所示。

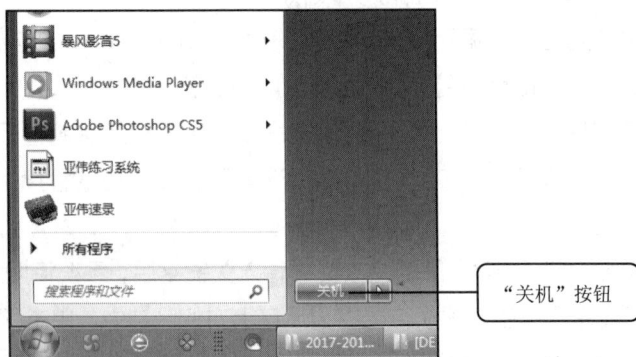

微课：退出 Windows7

"关机"按钮

图 2.25 退出 Windows 7

STEP 3 关闭显示器的电源。

2.4.4 子任务（二）掌握窗口的管理操作

在 Windows 7 中，每当用户启动一个程序、打开一个文件或文件夹时都将打开一个窗口，而一个窗口中包括多个对象，打开某个对象又可能打开相应的窗口，该窗口中可能又包括其他不同的对象。

微课：打开窗口及窗口中的对象　　微课：最大化或最小化窗口　　微课：移动和调整窗口大小　　微课：排列窗口

1. 打开与关闭窗口及窗口中的对象

任务目标

打开"计算机"窗口中"本地磁盘（C:）"下的 Windows 目录，查看完成后关闭窗口。

任务实施

STEP 1 双击桌面上的"计算机"图标，或在"计算机"图标上单击鼠标右键，在弹出的快捷菜单中选择"打开"命令，打开"计算机"窗口。

STEP 2 双击"计算机"窗口中的"本地磁盘（C:）"图标，或选择"本地磁盘（C:）"图标后按【Enter】键，打开"本地磁盘（C:）"窗口，如图 2.26 所示。

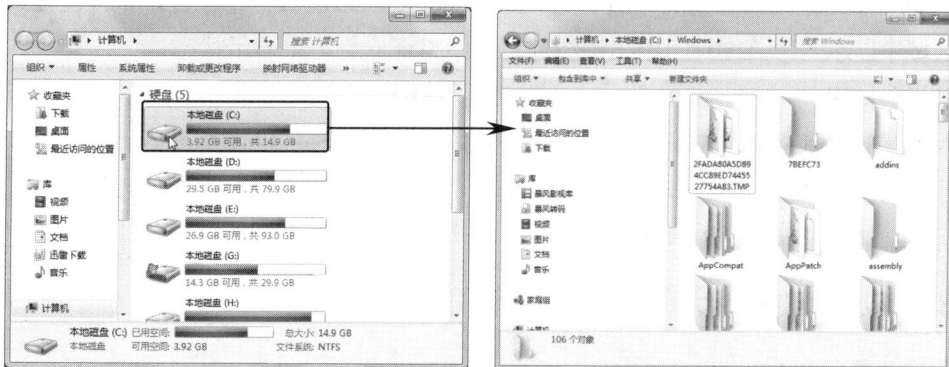

图 2.26　打开窗口及窗口中的对象

STEP 3 双击"本地磁盘（C:）"窗口中的"Windows 文件夹"图标，即可进入 Windows 目录查看。

STEP 4 单击地址栏左侧的"返回"按钮 ，将返回上一级"本地磁盘（C:）"窗口。

STEP 5 单击窗口标题栏右上角的"关闭"按钮 。

◎ 相关知识：

对窗口的操作结束后要关闭窗口。关闭窗口有以下 5 种方法。

● 单击窗口标题栏右上角的"关闭"按钮 。

● 在窗口的标题栏上单击鼠标右键，在弹出的快捷菜单中选择"关闭"命令。

● 将鼠标指针指向某个任务缩略图后单击右上角的 按钮。

● 将鼠标指针移动到任务栏中需要关闭窗口的任务图标上，单击鼠标右键，在弹出的快捷菜单中选择"关闭窗口"命令或"关闭所有窗口"命令。

● 按【Alt+F4】组合键。

2. 最大化或最小化窗口

任务目标

打开"计算机"窗口中"本地磁盘（C:）"下的 Windows 目录，然后将窗口最大化，再最小化显示，最后还原窗口。

任务实施

STEP 1 打开"计算机"窗口，再依次双击打开"本地磁盘（C:）"下的 Windows 目录。

STEP 2 单击窗口标题栏右侧的"最大化"按钮 ，此时窗口将铺满整个显示屏幕，同时"最大化"按钮 将变成"还原"按钮 ，单击"还原" 即可将最大化窗口还原成原始大小。

STEP 3 单击窗口右上角的"最小化"按钮 ，此时该窗口将隐藏显示，并在任务栏的程序区域中显示一个 图标，单击该图标，窗口将还原到屏幕显示状态。

◎ 相关知识：

最大化窗口可以将当前窗口放大到整个屏幕显示，这样可以显示更多的窗口内容，而最小化后的窗口将以标题按钮形式缩放到任务栏的程序按钮区。双击窗口的标题栏也可最大化窗口，再次双击可从最大化窗口恢复到原始窗口大小。

3. 移动和调整窗口大小

任务目标

将桌面上的当前窗口移至桌面的左侧位置，呈半屏显示，再调整窗口的长宽大小。

任务实施

STEP 1 打开"计算机"窗口，再打开"本地磁盘(C：)"下的"Windows 目录"窗口。

STEP 2 在窗口标题栏上按住鼠标不放，拖动窗口，当拖动到目标位置后释放鼠标即可移动窗口位置。其中将窗口向屏幕最上方拖动到顶部时，窗口会最大化显示；向屏幕最左侧拖动时，窗口会半屏显示在桌面左侧；向屏幕最右侧拖动时，窗口会半屏显示在桌面右侧。图 2.27 所示为将窗口拖至桌面左侧变成半屏显示的效果。

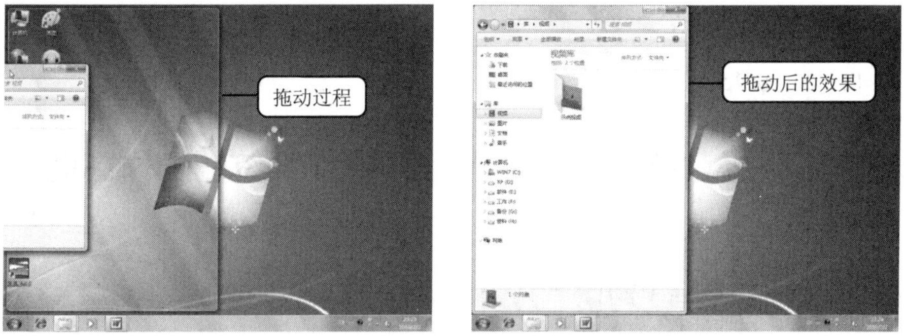

图 2.27　将窗口移至桌面左侧变成半屏显示

STEP 3 将鼠标指针移至窗口的外边框上，当鼠标指针变为↔或↕形状时，按住鼠标不放，拖动到窗口变为需要的大小时释放鼠标即可调整窗口大小。

STEP 4 将鼠标指针移至窗口的 4 个角上，当其变为⤡或⤢形状时，按住鼠标不放，拖动到需要的大小时释放鼠标，可使窗口的长宽大小按比例缩放。

◎相关知识：

窗口最大化后不能进行窗口的位置移动和大小调整操作。

4. 排列窗口

任务目标

在使用计算机的过程中需要打开多个窗口，将打开的所有窗口进行层叠排列显示，然后撤销层叠排列。

任务实施

STEP 1 在任务栏空白处单击鼠标右键，弹出如图 2.28 所示的快捷菜单，选择"层叠窗口"命令，即可以层叠的方式排列窗口，层叠的效果如图 2.29 所示。

STEP 2 层叠窗口后，拖动某一个窗口的标题栏可以将该窗口拖至其他位置，并切换为当前窗口。

STEP 3 在任务栏空白处单击鼠标右键，在弹出的快捷菜单中选择"撤销层叠"命令，恢复至原来的显示状态。

图 2.28　快捷菜单

图 2.29　层叠窗口

2.5　任务五　定制 Windows 7 操作系统的工作环境

2.5.1　子任务（一）利用"开始"菜单启动程序

任务目标

通过"开始"菜单启动"Microsoft Word 2010"程序。

任务实施

STEP 1 单击"开始"按钮 ，打开"开始"菜单，如图 2.30 所示，此时可以先在"开始"菜单左侧的高频使用区查看是否有"Microsoft Word 2010"程序选项，如果有，则选择该程序选项启动。

STEP 2 如果高频使用区中没有要启动的程序，则选择"所有程序"命令，在显示的列表中依次单击展开程序所在文件夹"Microsoft Office"，再选择"Microsoft Word 2010"命令启动程序，如图 2.31 所示。

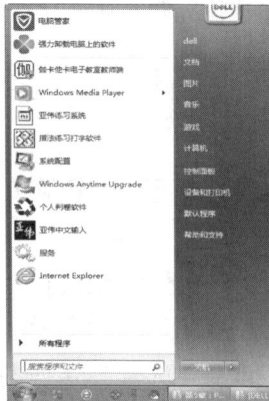

图 2.30　打开"开始"菜单

图 2.31　启动"Microsoft Word 2010"程序

2.5.2 子任务（二）创建桌面快捷方式

任务目标

为系统自带的计算器应用程序"calc.exe"创建桌面快捷方式。

任务实施

STEP 1 单击"开始"按钮，打开"开始"菜单，在"搜索程序和文件"框中输入"calc.exe"。

STEP 2 在搜索结果中的"calc.exe"程序选项上单击鼠标右键，在弹出的快捷菜单中选择【发送到】→【桌面快捷方式】命令，如图 2.32 所示。

微课：创建桌面快捷方式

在桌面上创建的图标上单击鼠标右键，在弹出的快捷菜单中选择"重命名"命令，输入"My 计算器"，按【Enter】键，完成创建，效果如图 2.33 所示。

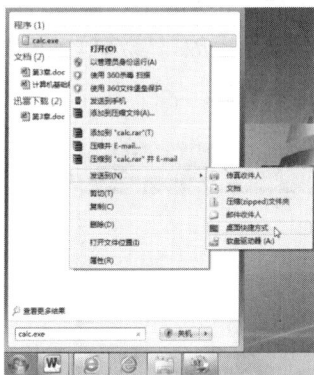

图 2.32 选择"桌面快捷方式"命令　　　　图 2.33 创建桌面快捷方式的效果

桌面快捷方式是指图片左下角带有符号的桌面图标，双击这类图标可以快速访问或打开某个程序，因此创建桌面快捷方式可以提高办公效率。用户可以根据需要在桌面上添加应用程序、文件或文件夹的快捷方式，其方法有如下 3 种。

● 在"开始"菜单中找到程序启动项的位置，单击鼠标右键，在弹出的快捷菜单中选择"发送到"子菜单下的"桌面快捷方式"命令。

● 在"计算机"窗口中找到文件或文件夹后，单击鼠标右键，在弹出的快捷菜单中选择"发送到"子菜单下的"桌面快捷方式"命令。

● 在桌面空白区域或打开"计算机"窗口中的目标位置，单击鼠标右键，在弹出的快捷菜单中选择"新建"子菜单下的"快捷方式"命令，打开"创建快捷方式"对话框，单击 浏览(R)... 按钮，选择要创建快捷方式的程序文件，然后单击 下一步(N) 按钮，输入快捷方式的名称，单击 完成(F) 按钮，完成创建。

创建的桌面快捷方式只是一个快速启动图标，它并没有改变文件原有的位置，因此若删除桌面快捷方式，不会删除原文件。

2.5.3 子任务（三）应用主题并设置桌面背景

任务目标

应用系统自带的"建筑"Aero 主题，并对背景图片的参数进行相应设置。

任务实施

STEP 1 在"个性化"窗口中的"Aero 主题"列表框中单击并应用"建筑"主题，此时背景和窗口颜色等都会发生相应的改变。

STEP 2 在"个性化"窗口下方单击"桌面背景"超链接，打开"桌面背景"窗口，此时列表框中的图片即为"建筑"系列，单击"图片位置"下拉列表框右侧的▼按钮，在打开的下拉列表中选择"拉伸"选项。

STEP 3 单击"更改图片时间间隔"下拉列表框右侧的▼按钮，在打开的下拉列表中选择"1 小时"选项，如图 2.34 所示。若单击选中"无序播放"复选框，将按设置的间隔随机切换，这里保持默认设置，即按列表中图片的排序切换。

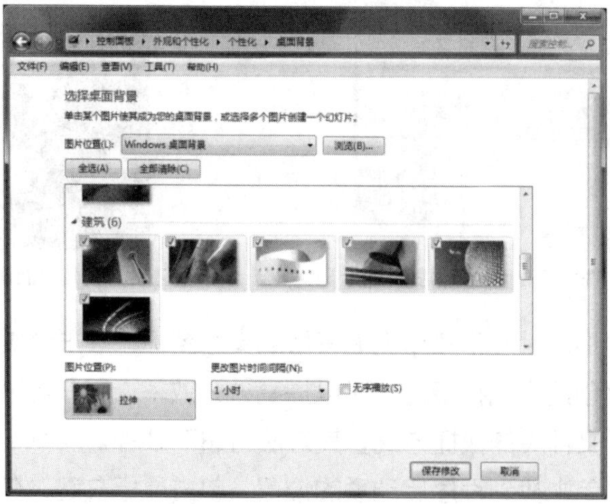

图 2.34　应用主题后设置桌面背景

STEP 4 单击 保存修改 按钮，应用设置，并返回"个性化"窗口。

2.5.4 子任务（四）添加和删除输入法

任务目标

在 Windows 7 语言栏的输入法列表中添加"微软拼音-简捷 2010"，删除"微软拼音输入法 2003"。

任务实施

STEP 1 在语言栏中的 按钮上单击鼠标右键，在弹出的快捷菜单中选择"设置"命令，打开"文本服务和输入语言"对话框，如图 2.35所示。

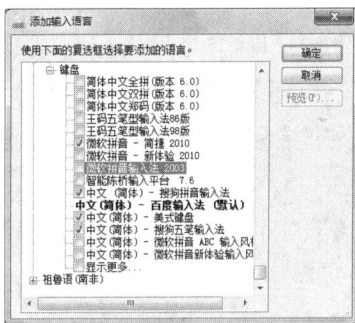

STEP 2 单击 添加(D)... 按钮，打开"添加输入语言"对话框，在"使用下面的复选框选择要添加的语言"列表框中单击"键盘"选项前的 按钮，在打开的子列表中单击选中"微软拼音-简捷 2010"复选框，撤销选中"微软拼音输入法 2003"复选框，如图 2.36 所示。

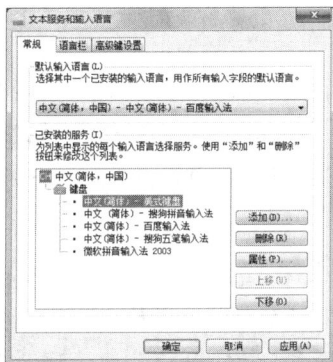

微课：添加和删除
输入法

图 2.35 "文本服务和输入语言"对话框 图 2.36 添加和删除输入法

STEP 3 单击 确定 按钮，返回"文本服务和输入语言"对话框，在"已安装的服务"列表框中将显示已添加的输入法，单击 确定 按钮完成添加。

STEP 4 单击语言栏中的 按钮，查看添加和删除输入法后的效果。

第3章
计算机资源管理

课前导读：

在使用计算机的过程中，用户需要对计算机的资源（主要是存放在计算机存储设备上的文件或文件夹中相关的内容）进行浏览和操作，对文件、文件夹、程序和硬件等资源的管理是非常重要的操作。本章介绍在 Windows 7 中如何利用资源管理器来管理计算机中的文件、文件夹、常用程序和硬件资源。

任务描述：

【任务情景一】张华是某公司人力资源部的员工，主要负责人员招聘以及日常办公室管理工作。因为管理上的需要，张华经常会在计算机中存放一些工作中的日常文档，为方便使用，还需要对相关的文件进行新建、重命名、移动、复制、删除、搜索和设置文件属性等操作。

【任务情景二】赵敏应聘上了某公司的前台接待工作，上班第一天，主管给了她一份客户接待登记表电子文件，要求她打印一份，但她把文件复制到计算机中后发现无法打开，后来才发现这台计算机中没有安装 Office 软件，而且也没有安装打印机等硬件设备。对此，赵敏只能自己动手来管理这台计算机中的程序和硬件等资源。

任务分析：

※ 理解文件、文件夹、文件路径的相关概念

※ 掌握文件及文件夹的选择操作

※ 掌握文件及文件夹的基本管理操作

※ 了解控制面板及其功能

※ 掌握鼠标和键盘的设置

※ 掌握安装打印机硬件驱动程序（知识拓展）

※ 掌握安装和卸载应用程序（知识拓展）

3.1 任务一 初识文件管理

3.1.1 文件管理的相关概念

在管理文件过程中，会涉及以下几个相关概念。

• 硬盘分区与盘符。硬盘分区是指将硬盘划分为几个独立的区域，这样可以更加方便地存储和管理数据，格式化可使分区划分成可以用来存储数据的区域，一般是在安装系统时对硬盘进行分区。盘符是 Windows 系统对于磁盘存储设备的标识符，一般使用 26 个英文字符加上一个冒号 ":" 来标识，如 "本地磁盘(C:)"，"C" 就是该盘的盘符。

• 文件。文件是指保存在计算机中的各种信息和数据，计算机中的文件类型很多，如文档、表格、图片、音乐和应用程序等。在默认情况下，文件在计算机中是以图标形式显示的，它由文件图标、文件名称和文件扩展名 3 部分组成，如 工作总结.docx 表示一个 Word 文件，文件名称是 "工作总结"，其扩展名为.docx。

• 文件夹。用于保存和管理计算机中的文件，其本身没有任何内容，却可放置多个文件和子文件夹，让用户能够快速地找到需要的文件。文件夹一般由文件夹图标和文件夹名称两部分组成。

• 文件路径。在对文件进行操作时，除了要知道文件名外，还需要指出文件所在的盘符和文件夹，即文件在计算机中的位置，称为文件路径。文件路径包括相对路径和绝对路径两种。其中，相对路径是以 "."（表示当前文件夹）、".."（表示上级文件夹）或文件夹名称（表示当前文件夹中的子文件名）开头；绝对路径是指文件或目录在硬盘上存放的绝对位置，如 "D:\图片\人像.jpg" 表示 "人像.jpg" 文件是在 D 盘的 "图片" 目录中。在 Windows 7 系统中单击地址栏的空白处，即可查看打开的文件夹的路径。

• 资源管理器。资源管理器是指 "计算机" 窗口左侧的导航窗格，它将计算机资源分为收藏夹、库、家庭组、计算机和网络等类别，可以方便用户更好、更快地组织、管理及应用资源。打开资源管理器的方法为双击桌面上的 "计算机" 图标或单击任务栏上的 "Windows 资源管理器" 按钮。打开 "资源管理器" 对话框，单击导航窗格中各类别图标左侧的 ◢ 图标，便可依次按层级展开文件夹，选择需要的文件夹后，其右侧将显示相应的文件内容，如图 3.1 所示。

图 3.1　资源管理器

◎相关知识：

为了便于查看和管理文件，用户可根据当前窗口中文件和文件夹的多少、文件的类型更改当前窗口中文件和文件夹的视图方式。其方法是：在打开的文件夹窗口中单击工具栏右侧的 按钮，在打开的下拉列表中可选择超大图标、大图标、中等图标、小图标和列表等视图显示方式。

3.1.2　选择文件的几种方式

对文件或文件夹进行复制和移动等操作前，要先选择文件或文件夹，选择的方法主要有以下5种。

- 选择单个文件或文件夹。使用鼠标直接单击文件或文件夹图标即可将其选中，被选中的文件或文件夹的周围呈蓝色透明状显示。
- 选择多个相邻的文件和文件夹。可在窗口空白处按住鼠标左键不放，并拖动鼠标框选需要选择的多个对象，再释放鼠标即可。
- 选择多个连续的文件和文件夹。用鼠标选中第一个对象，按住【Shift】键不放，再单击最后一个对象，可选择两个对象中间的所有对象。
- 选择多个不连续的文件和文件夹。按住【Ctrl】键不放，再依次单击所要选择的文件或文件夹，可选择多个不连续的文件和文件夹。
- 选择所有文件和文件夹。直接按【Ctrl+A】组合键，或选择【编辑】→【全选】命令，可以选择当前窗口中的所有文件或文件夹。

3.2　任务二　掌握文件和文件夹的基本操作

在文件和文件夹基本操作中，主要应掌握以下几个操作。
（1）新建文件和文件夹。
（2）移动、复制、重命名、压缩和解压缩文件和文件夹。
（3）删除、还原文件和文件夹。
（4）设置文件和文件夹属性。

3.2.1　任务目标

打开"计算机"窗口，将本书配套资源中的"素材"文件夹复制到C盘根目录下，按要求完成文件和文件夹的新建、移动、复制、重命名、压缩、删除、还原、设置属性等基本操作，掌握对文件和文件夹的管理技巧。

3.2.2　任务实施

（1）在D:\（或指定的其他盘符）下新建一个员工文件夹，以"员工编号+姓名"重命名该文件夹，并将"素材"文件夹的所有文件和文件夹复制到员工文件夹中。

（2）在员工文件夹中新建一个子文件夹，以"公司文档"重命名文件夹，将员工文件夹中所有有的.txt 文件移动到"公司文档"文件夹中。

（3）在"公司文档"文件夹中新建一个 Word 文档，以"工作总结.docx"重命名该文档。

（4）删除员工文件夹中的所有.htm 文件，并还原回收站中的"web.htm"文件。

（5）把"公司文档"文件夹中的所有.txt 文件添加到压缩文件"my.rar"。

（6）将"公司文档"文件夹中的"工作总结.docx"的文件属性设置为"只读"。

3.2.3 相关操作与知识

STEP 1 双击桌面上的"计算机"图标，打开"计算机"窗口，双击 D 磁盘图标，打开 D:\目录窗口。

STEP 2 选择【文件】→【新建】→【文件夹】命令，或在窗口的空白处单击鼠标右键，在弹出的快捷菜单中选择【新建】→【文件夹】命令，如图 3.2 所示。

STEP 3 系统将在文件夹中默认新建一个名为"新建文件夹"的文件夹，且文件夹名呈可编辑状态，切换到汉字输入法输入"201805030001 张三"，然后单击空白处或按【Enter】键，新建的文件夹效果如图 3.3 所示。

图 3.2 选择"新建"命令

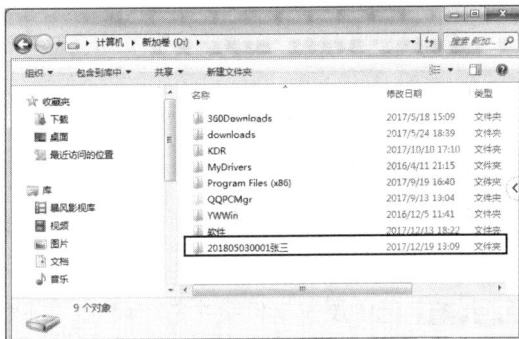

图 3.3 命名文件夹

STEP 4 在资源管理器左侧窗口的树形目录中将"计算机"文件夹展开，再将本地磁盘 C 展开后选择"素材"文件夹。在右侧窗口中选中该文件夹中的所有文件及文件夹，在其上单击鼠标右键，在弹出的快捷菜单中选择"复制"命令，或选择【组织】→【复制】命令（或直接按【Ctrl+C】组合键），如图 3.4 所示，将选择的文件复制到剪贴板中，此时窗口中的文件不会发生任何变化。

STEP 5 按照路径"D:/ 201805030001 张三"，在资源管理器左侧窗口的树形目录中选中员工文件夹，在右侧打开的"文档"窗口中单击鼠标右键，在弹出的快捷菜单中选择"粘贴"命令，或选择【组织】→【粘贴】命令（也可直接按【Ctrl+V】组合键），如图 3.5 所示，即可将复制到剪贴板中的所有素材文件和文件夹粘贴到该窗口中，完成文件的复制，效果如图 3.6 所示。在导航窗格中选择"本地磁盘（C:）"选项，即可看到该磁盘根目录下的"素材"文件夹中的所有文件和文件夹仍然存在。

图 3.4　选择"复制"命令

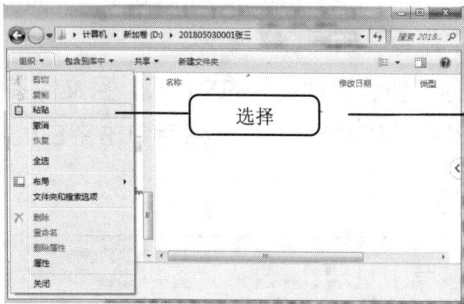

图 3.5　选择"粘贴"命令

图 3.6　复制文件后的效果

STEP 6 双击员工文件夹，在打开的目录窗口中单击工具栏中的 新建文件夹 按钮，输入子文件夹名称"公司文档"后按【Enter】键，完成子文件夹的创建和重命名，效果如图 3.7 所示。

STEP 7 选中员工文件夹中的"R.txt""Ptx.txt""Page.txt"这 3 个文本文档，在其上单击鼠标右键，在弹出的快捷菜单中选择"剪切"命令，或选择【组织】→【剪切】命令（可直接按【Ctrl+X】组合键），如图 3.8 所示，将选择的文件剪切到剪贴板中，此时文件呈灰色透明显示效果。

STEP 8 双击"公司文档"文件夹，在右侧打开的"文档"窗口中单击鼠标右键，在弹出的快捷菜单中选择"粘贴"命令，或选择【组织】→【粘贴】命令（可直接按【Ctrl+V】组合键），即可将剪切到剪贴板中的所有素材文件和文件夹粘贴到该窗口中，完成文件的移动，效果如图 3.9 所示。

STEP 9 在窗口的空白处单击鼠标右键，在弹出的快捷菜单中选择【新建】→【Microsoft Word 文档】命令，系统将在文件夹中默认新建一个名为"新建 Microsoft Word 文档.docx"的文件，且文件名呈可编辑状态，切换到汉字输入法输入"工作总结"，然后单击空白处或按【Enter】键，新建的文档效果如图 3.10 所示。

图 3.7　新建子文件夹

图 3.8　选择"剪切"命令

图 3.9　移动文件后的效果

图 3.10　新建文件

◎相关知识：

重命名文件名称时不要修改文件的扩展名部分，一旦修改将可能导致文件无法正常打开，此时可将扩展名重新修改为正确模式便可打开。此外，文件名可以包含字母、数字和空格等，但不能有/、\、:、*、"、<、>、|、?这 9 个字符。

STEP 10 单击地址栏左侧的 按钮，返回上一级窗口，即返回员工文件夹。

STEP 11 选中文档窗口中的"page.htm"和"web.htm"两个文件，在选择的文件图标上单击鼠标右键，在弹出的快捷菜单中选择"删除"命令，或按【Delete】键，此时系统会打开如图 3.11 所示的提示对话框，提示用户是否确定要把该文件放入回收站。单击 按钮，即可删除选择的文件。

STEP 12 单击任务栏最右侧的"显示桌面"区域，切换至桌面，双击"回收站"图标 ，在打开的窗口中将查看到最近删除的文件和文件夹等对象，在要还原的"web.htm"文件上单击鼠标右键，在弹出的快捷菜单中选择"还原"命令，如图 3.12 所示，即可将其还原

到被删除前的位置。

图 3.11　"删除多个项目"对话框

图 3.12　还原被删除的文件

◎相关知识：

选择文件后，按【Shift+Delete】组合键将不通过回收站，直接将文件从计算机中删除。此外，放入回收站中的文件仍然会占用磁盘空间，在"回收站"窗口中单击工具栏中的 清空回收站 按钮即可将其彻底删除。

STEP 13 将"公司文档"文件夹中的.txt 文档全部选中，在其上单击鼠标右键，在弹出的快捷菜单中选择"添加到压缩文件"命令，此时系统会打开如图 3.13 所示的对话框，在对话框中可更改压缩文件名为"my"，同时选择压缩文件格式为"RAR"，单击 确定 按钮，完成文件压缩，则在同一位置生成该压缩文件，效果如图 3.14 所示。

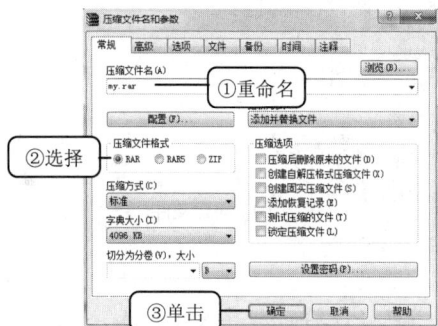

图 3.13　选择添加压缩命令

图 3.14　文件压缩后的效果

STEP 14 选中"工作总结.docx"，在该文件上单击鼠标右键，在弹出的快捷菜单中选择"属性"命令，打开文件对应的"属性"对话框。在"常规"选项卡下的"属性"栏中单击选中"只读"复选框，如图 3.15 所示。

STEP 15 先单击 应用(A) 按钮，再单击 确定 按钮，完成文件属性的设置。如果是修改文件夹的属性，应用设置后还将打开图 3.16 所示的"确认属性更改"对话框，根据需要选择应用方式后单击 确定 按钮，即可设置相应的文件夹属性。

◎相关知识：

文件属性主要包括隐藏属性、只读属性和归档属性 3 种。用户在查看磁盘文件的名称时，系统一般不会显示具有隐藏属性的文件名，具有隐藏属性的文件不能被删除、复制和更名，

54

以起到保护作用；对于具有只读属性的文件，可以查看和复制，不会影响它的正常使用，但不能修改和删除文件，以避免意外删除和修改；文件被创建之后，系统会自动将其设置成归档属性，即可以随时进行查看、编辑和保存。在图 3.15 中单击 高级(D)... 按钮可以打开"高级属性"对话框，在其中可以设置文件或文件夹的存档和加密属性。

图 3.15　文件属性设置对话框　　　　图 3.16　选择文件夹属性应用方式

3.3　任务三　管理硬件资源

　　硬件设备通常可分为即插即用型和非即插即用型两种。通常将可以直接连接到计算机中使用的硬件设备称为即插即用型硬件，如 U 盘和移动硬盘等可移动存储设备。该类硬件不需要手动安装驱动程序，与计算机接口相连后系统就可以自动识别，从而可以在系统中直接运行。

　　非即插即用型硬件是指连接到计算机后，需要用户自行安装驱动程序的计算机硬件设备，如打印机、扫描仪和摄像头等。要安装这类硬件，还需要准备与之配套的驱动程序，一般在购买硬件设备时厂商会提供安装程序。

　　控制面板中包含了不同的设置工具，用户可以通过控制面板对 Windows 7 系统进行设置，包括管理安装程序和打印机等硬件资源。

　　在"计算机"窗口中的工具栏中单击 打开控制面板 按钮或选择【开始】→【控制面板】命令即可启动控制面板，其默认以"类别"方式显示，如图 3.17 所示。在"控制面板"窗口中单击不同的超链接即可以进入相应的子分类设置窗口或打开参数设置对话框。单击 类别▼ 按钮，在打开的下拉列表中选择"大图标"选项，查看设置查看方式后的效果，如图 3.18 所示为"大图标"的查看方式。

3.3.1　任务目标

　　鼠标和键盘是计算机中重要的输入设备，应学会根据需要对其参数进行设置，包括调整双击鼠标的速度、更换鼠标指针样式和设置鼠标指针选项，以及调整键盘的响应速度和光标的闪烁速度。同时，打印机作为工作中最常用的输出设备之一，应学会安装其驱动程序。

图 3.17　"控制面板"窗口

图 3.18　"大图标"查看方式

3.3.2　任务实施

（1）设置鼠标指针样式方案为"Windows 黑色（系统方案）"，调节鼠标的双击速度和移动速度，并设置移动鼠标指针时会产生"移动轨迹"的效果。

（2）通过设置降低键盘重复输入一个字符的延迟时间，使重复输入字符的速度最快，并适当调整光标的闪烁速度。

（3）连接打印机后安装打印机的驱动程序。

3.3.3　相关操作与知识

1．设置鼠标

STEP 1 选择【开始】→【控制面板】命令，打开"控制面板"窗口，单击"硬件和声音"超链接，在打开的窗口中单击"鼠标"超链接，如图 3.19 所示。

STEP 2 在打开的"鼠标 属性"对话框中单击"鼠标键"选项卡，在"双击速度"栏中拖动"速度"滑动条中的滑块可以调节双击速度，如图 3.20 所示。

微课：设置鼠标

STEP 3 单击"指针"选项卡，然后单击"方案"栏中的下拉按钮 ，在打开的下拉列表中选择鼠标样式方案，这里选择"Windows 黑色（系统方案）"选项，如图 3.21 所示。

STEP 4 单击 应用(A) 按钮，此时鼠标指针样式变为设置后的样式。如果要自定义某个鼠标

状态下的指针样式，则在"自定义"列表框中选择需单独更改样式的鼠标指针状态选项，然后单击 浏览 (B)... 按钮进行选择。

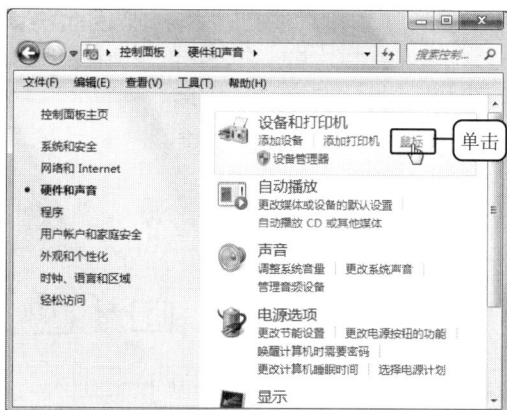

图 3.19 单击"鼠标"超链接

图 3.20 设置鼠标双击速度

STEP 5 单击"指针选项"选项卡，在"移动"栏中拖动滑动块可以调整鼠标指针的移动速度，单击选中"显示指针轨迹"复选框，如图 3.22 所示，移动鼠标指针时会产生"移动轨迹"的效果。

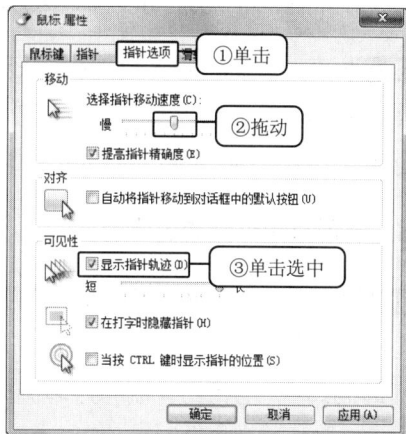

图 3.21 选择鼠标指针样式

图 3.22 设置指针选项

STEP 6 单击 确定 按钮，完成对鼠标的设置。

◎相关知识：

习惯用左手进行操作的用户，可以在"鼠标 属性"对话框的"鼠标键"选项卡中单击选中"切换主要和次要的按钮"复选框，在其中设置交换鼠标左、右键的功能，从而方便用户使用左手进行操作。

2. 设置键盘

STEP 1 选择【开始】→【控制面板】命令，打开"控制面板"窗口，在窗口右上角的

"查看方式"下拉列表框中选择"小图标"选项，如图 3.23 所示，切换至"小图标"视图模式。

STEP 2 单击"键盘"超链接，打开如图 3.24 所示的"键盘 属性"对话框，单击"速度"选项卡，向右拖动"字符重复"栏中的"重复延迟"滑块，降低键盘重复输入一个字符的延迟时间，如向左拖动，则增长延迟时间；向右拖动"重复速度"滑块，则加快重复输入字符的速度。

微课：设置键盘

图 3.23　设置"小图标"查看方式

图 3.24　设置键盘属性

STEP 3 在"光标闪烁速度"栏中拖动滑块改变文本编辑软件（如记事本）中的插入点在编辑位置的闪烁速度，如向左拖动滑块设置为中等速度。

STEP 4 单击 确定 按钮，完成设置。

3. 设置打印机驱动程序

微课：安装打印机硬件驱动程序

STEP 1 不同的打印机有不同类型的端口，常见的有 USB、LPT 和 COM 端口。可参见打印机的使用说明书，将数据线的一端插入到机箱后面相应的插口中，再将另一端与打印机接口相连，如图 3.25 所示，然后接通打印机的电源。

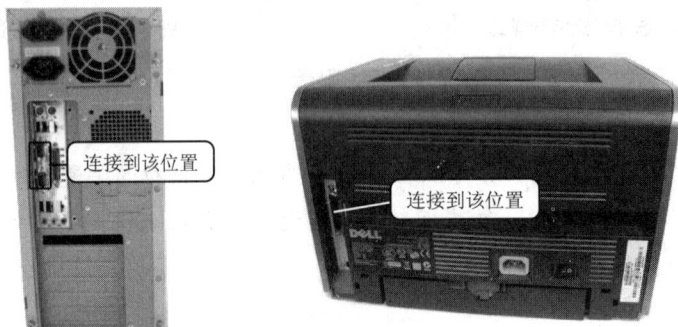

图 3.25　连接打印机

STEP 2 选择【开始】→【控制面板】命令，打开"控制面板"窗口，单击"硬件和声音"超链接下方的"查看设备和打印机"超链接,打开"设备和打印机"窗口,在其中单击 添加打印机 按钮,如图 3.26 所示。

STEP 3 在打开的"添加打印机"对话框中选择"添加本地打印机"选项,如图 3.27 所示。

图 3.26 "设备和打印机"窗口

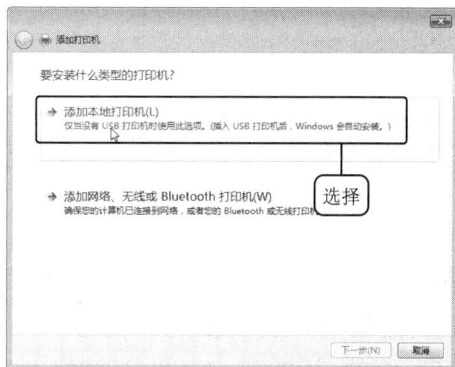

图 3.27 添加本地打印机

STEP 4 在打开的"选择打印机端口"对话框中单击选中"使用现有的端口"单选项,在其后面的下拉列表框中选择打印机连接的端口(一般使用默认端口设置),然后单击 下一步(N) 按钮,如图 3.28 所示。

STEP 5 在打开的"安装打印机驱动程序"对话框的"厂商"列表框中选择打印机的生产厂商,在"打印机"列表框中选择安装打印机的型号,单击 下一步(N) 按钮,如图 3.29 所示。

图 3.28 选择打印机端口

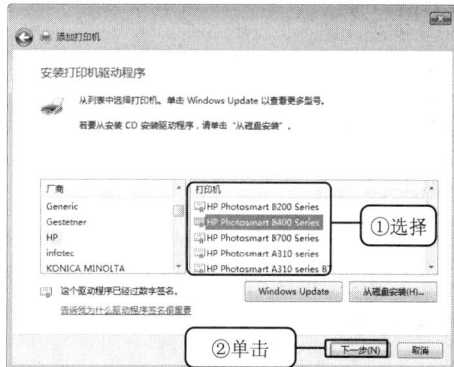

图 3.29 选择打印机型号

STEP 6 在打开的"键入打印机名称"对话框的"打印机名称"文本框中输入名称,这里使用默认名称,单击 下一步(N) 按钮,如图 3.30 所示。

STEP 7 系统开始安装驱动程序,安装完成后打开"打印机共享"对话框,如果不需要共享打印机则单击选中"不共享这台打印机"单选项,单击 下一步(N) 按钮,如图 3.31 所示。

STEP 8 在打开的对话框中单击选中"设置为默认打印机"复选框可设置其为默认的打印机,单击 完成(F) 按钮完成打印机的添加,如图 3.32 所示。

图 3.30　输入打印机名称

图 3.31　共享设置

STEP 9 打印机安装完成后，在"控制面板"窗口中单击"查看设备和打印机"超链接，在打开的窗口中双击安装的打印机图标，即可在打开的窗口查看打印机状态，包括查看正在打印的内容、设置打印属性和调整打印选项等，如图 3.33 所示。

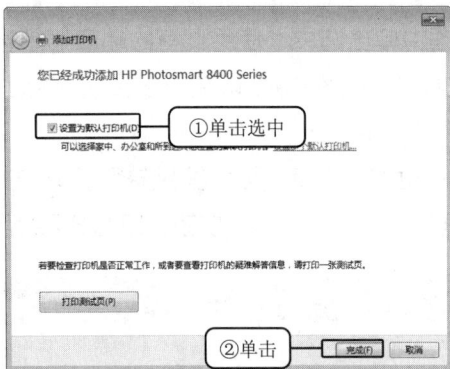

图 3.32　完成打印机的添加

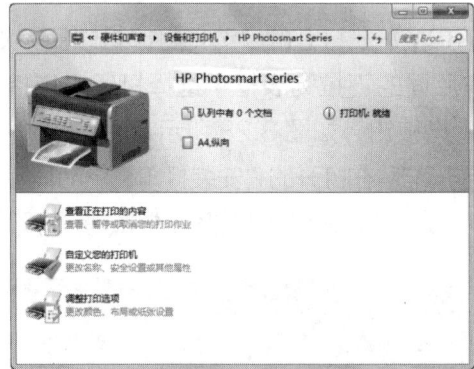

图 3.33　查看安装的打印机

◎相关知识：

如果要安装网络打印机，可在图 3.27 所示的对话框中选择"添加网络、无线或 Bluetooth 打印机"选项，系统将自动搜索与本机联网的所有打印机设备，选择打印机型号后将自动安装驱动程序。

3.4　任务四　管理软件资源

3.4.1　任务目标

学会安装已经获取或准备好软件的安装程序软件，安装后的软件将会显示在"开始"菜单中的"所有程序"列表中，部分软件还会自动在桌面上创建快捷启动图标。

3.4.2 任务实施

（1）准备好 Office 2010 的软件光盘。

（2）通过计算机光驱读取光盘信息安装 Office 2010。

（3）卸载计算机中不需要的软件。

3.4.3 相关操作与知识

STEP 1 将安装光盘放入光驱中，当光盘成功被读取后进入到光盘中，找到并双击"setup.exe"文件，如图 3.34 所示。

STEP 2 打开"输入您的产品密钥"对话框，在光盘包装盒中找到由 25 位字符组成的产品密钥（产品密钥也称安装序列号，免费或试用软件不需要输入），并将密钥输入到文本框中，单击 继续(C) 按钮，如图 3.35 所示。

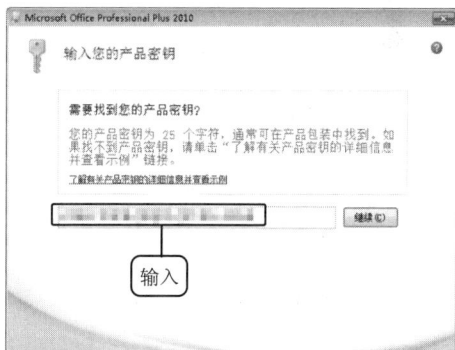

图 3.34 双击安装文件

图 3.35 输入产品密钥

STEP 3 在打开的"阅读 Microsoft 软件许可证条款"对话框中，对其中条款内容进行认真阅读，单击选中"我接受此协议的条款"复选框，单击 继续(C) 按钮，如图 3.36 所示。

STEP 4 在打开的"选择所需的安装"对话框中，单击 自定义(U) 按钮，如图 3.37 所示。若单击 立即安装(I) 按钮，可按默认设置快速安装软件。

STEP 5 在打开的安装向导对话框中单击"安装选项"选项卡，单击任意组件名称前的 按钮，在打开的下拉列表中便可以选择是否安装此组件，如图 3.38 所示。

STEP 6 单击"文件位置"选项卡，单击 浏览(B)... 按钮，在打开的"浏览文件夹"对话框中选择安装 Office 2010 的目标位置，单击 确定 按钮，如图 3.39 所示。

STEP 7 返回对话框，单击"用户信息"选项卡，在文本框中输入用户名和公司名称等信息，最后单击 立即安装(I) 按钮进入"安装进度"界面中，静待数分钟后便会提示已安装完成。

STEP 8 打开"控制面板"窗口，在分类视图下单击"程序"超链接，在打开的"程序"窗口中单击"程序和功能"超链接，在打开窗口的"卸载或更改程序"列表框中即可查看当前计算机中已安装的所有程序。

图 3.36　阅读许可证条款

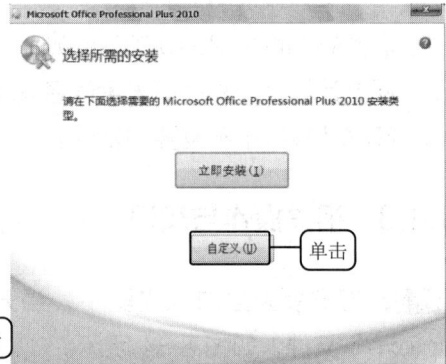

图 3.37　选择安装模式

图 3.38　选择安装组件

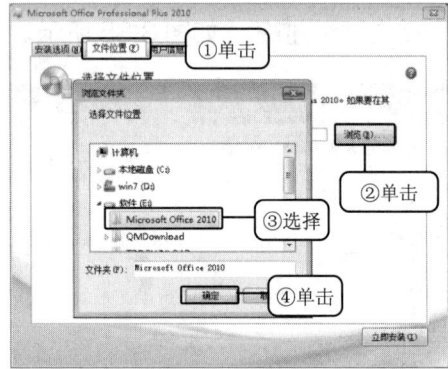

图 3.39　选择安装路径

STEP 9 在列表中选择要卸载的程序选项，然后单击工具栏中的 卸载 按钮，如图 3.40 所示，在打开的确认是否卸载程序的提示对话框中，单击 是(Y) 按钮即可确认并开始卸载程序。

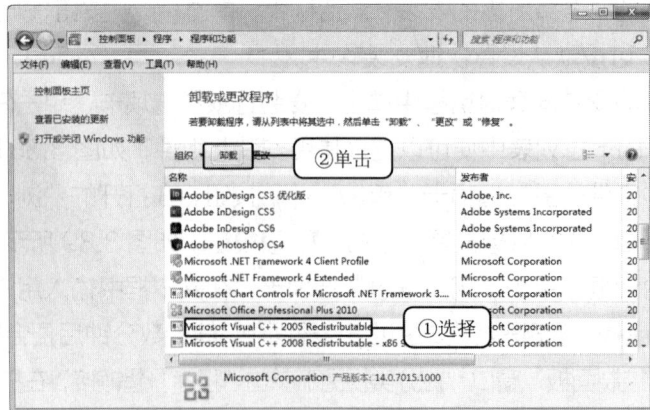

图 3.40　"程序和功能"窗口

◎相关知识：

软件自身提供了卸载功能，可以通过"开始"菜单卸载，其方法是：选择【开始】→
【所有程序】命令，在"所有程序"列表中展开程序文件夹，然后选择"卸载"等相关命令
（若没有类似命令则通过控制面板进行卸载），再根据提示进行操作便可完成软件的卸载，
有些软件在卸载后还会要求重启计算机以彻底删除该软件的安装文件。

第4章
文字处理软件Word 2010

04

课前导读：

Word 2010 是 Microsoft 公司开发的 Office 2010 办公组件之一，具有强大的文本编辑和排版功能。利用它可以制作各种文档，如通知、信函、论文、简历等，也可以实现灵活的图文混排，还可以制作各种各样的表格，并支持表格数据的处理。Word 2010 提供了比以往版本更为出色的功能，是世界上应用最广泛的办公软件之一。

任务描述：

【任务情景一】王明大学毕业后根据专业类别应聘为某出版公司的专业类图书编辑，日常业务中需要对相关的专业图书书稿进行字体、段落、图文混排等排版设计与编辑。

【任务情景二】杨华是电科商场新任的销售部总监，他需要提交一份关于公司第一季度销售情况的总结文案，他使用 Word 2010 编辑完文字内容后，想在报告中编辑制作一个二维表格对本季度的销售数据进行补充说明。

【任务情景三】小赵是某公司的一名市场策划，销售主管要求他针对本周末的手机产品促销活动设计一个简易的广告宣传单。接到任务后，小赵思考了一下大致的设计方案，想利用 Word 2010 相关功能完成广告宣传单的编辑制作。

【任务情景四】程佳是某高职院校的一名大三学生，临近毕业，她按照指导老师发放的毕业设计任务书要求，完成了实验调查和论文内容的书写，接下来，她需要使用 Word 2010 的样式和目录功能对论文的目录进行编制。

任务分析：

※ 掌握 Word 2010 的基本操作

※ 掌握 Word 2010 的格式化排版技术

※ 掌握 Word 2010 的表格制作

※ 掌握 Word 2010 的图文混排操作方法

※ 了解样式和目录（知识拓展）

4.1 任务一 初识 Word 2010

4.1.1 Word 2010 的工作界面

启动 Word 2010 后，便可看到如图 4.1 所示的工作界面。用户可通过该界面进行 Word

文档的创建、保存，文字的录入与格式编排，表格的插入与编辑，图片的插入与修饰等操作。Word 2010 的界面主要由快速访问工具栏、标题栏、功能选项卡、功能区、状态栏、视图栏、缩放标尺、标尺按钮及任务窗格等组成。

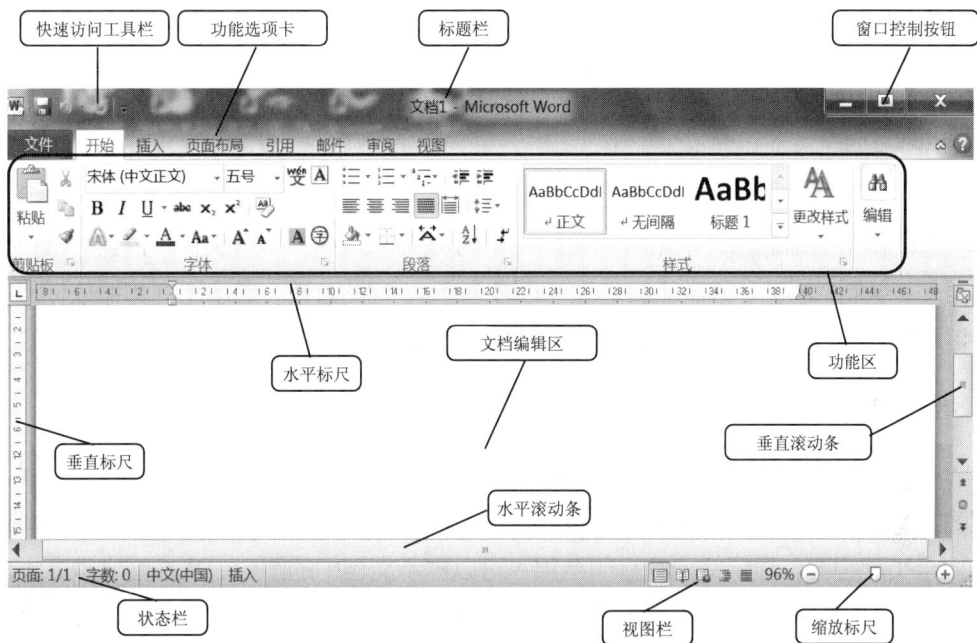

图 4.1 Word 2010 的工作界面

1. 功能选项卡

Word 2010 界面有"开始""插入""页面布局""引用""邮件""审阅""视图"7 个固定的功能选项卡。功能选项卡的数量会根据编辑操作的不同而增加，如编辑表格时会增加"表格工具"选项卡，表格编辑完成后，"表格工具"选项卡会自动消失。

单击某个功能选项卡就会打开与之相对应的功能区，每个功能选项卡的功能区概述如下。

（1）"开始"选项卡的功能区包括剪贴板、字体、段落、样式和编辑五个组，主要用于帮助用户对 Word 2010 文档进行文字编辑和格式设置，是用户最常用的选项卡。

（2）"插入"选项卡的功能区包括页、表格、插图、链接、页眉和页脚、文本、符号和特殊符号几个组，用于在 Word 文档中插入各种元素。

（3）"页面布局"选项卡的功能区包括主题、页面设置、稿纸、页面背景、段落、排列几个组，用于帮助用户设置页面样式。

（4）"引用"选项卡的功能区包括目录、脚注、引文与书目、题注、索引和引文目录几个组，用于在 Word 2010 文档中插入目录等比较高级的功能。

（5）"邮件"选项卡的功能区包括创建、开始邮件合并、编写和插入域、预览结果和完成几个组，该选项卡的作用比较专一，专门用于在 Word 2010 文档中进行邮件合并方面的操作。

（6）"审阅"选项卡的功能区包括校对、语言、中文简繁转换、批注、修订、更改、比较和保护几个组，主要用于对 Word 2010 文件进行校对和修订等操作，适用于协作处理 Word 2010 长文档。

（7）"视图"选项卡的功能区包括文档视图、显示、显示比例、窗口和宏几个组，主要用于帮助用户设置 Word 2010 操作窗口的视图类型，以方便操作。

2．状态栏

状态栏位于窗口底部，用来标明当前文档的页码/总页码、字数统计、语言、修订、改写与插入、录制（添加了开发工具选项卡后才显示）、视图方式、显示比列和缩放标尺等功能。这些功能可以通过单击状态栏上的相应功能文字来激活或取消。

3．视图栏

Word 2010 视图栏包括页面、阅读版式、Web 版式、大纲和草稿 5 个视图方式。各种视图方式的切换可通过单击文档窗口右下方的视图按钮实现。下面分别介绍这 5 种视图。

（1）页面视图：显示文档的打印结果，可以显示文档中的图形、表格图文框、页眉、页脚、页码、分栏设置、页面边距等元素，具有"所见即所得"的显示效果，通常情况下编辑文档采用页面视图。

（2）阅读版式视图：以图书的分栏样式显示文档，适合阅读文章。用户还可以单击"工具"按钮选择各种阅读工具。

（3）Web 版式视图：以网页的形式显示文档，适用于发送电子邮件和创建网页。

（4）大纲视图：主要用于显示文档的框架，可以用它来组织文档，并观察文档的结构，显示标题的层级结构，并可以方便地折叠和展开各层级的文档。大纲视图广泛应用于长文档的快速浏览和设置。

（5）草稿视图：用于快速输入文档内容，包括文字、图形以及表格。这种视图可以显示文档的大部分元素(包括图形)，但不能显示页眉、页脚、页码、图文内容和分栏效果。这是一种节省计算机系统硬件资源的视图方式，适合录入操作。

4．缩放标尺

缩放标尺也称缩放滑块，单击缩放滑块左端的缩放比例按钮，弹出"显示比例"对话框，可以设置文档的显示比例。用户也可通过直接拖动滑块来调整显示比例。

4.1.2　Word 2010 编辑环境的设置

在编辑 Word 文档时，为了操作方便,通常会对 Word 的编辑环境进行以下的设置。

1. 在"快速访问工具栏"中添加常用命令

Word 2010 文档窗口中的"快速访问工具栏"用于放置命令按钮，使用户快速启动经常使用的命令。默认情况下，"快速访问工具栏"中只有数量较少的命令，如保存、撤销、恢复等。用户可以根据需要添加多个自定义命令，操作步骤如下。

选择【文件】→【选项】命令，在打开的"Word 选项"对话框中，选择"快速访问工具栏"选项卡，在"从下列位置选择命令"列表中单击需要添加的命令，并单击"添加"按钮，即可将需要添加的命令加入到右边"自定义快速访问工具栏"列表框中。单击"重置"下拉按钮，选择"仅重置快速访问工具栏"选项，可将"快速访问工具栏"恢复到原始状态。

2. 显示和隐藏功能区（功能区最小化）

方法一：右键单击功能区，在弹出的快捷菜单中选择"最小化"命令。
方法二：使用【Ctrl+F1】组合键。

3. 设置自动保存间隔时间

单击【文件】→【选项】命令，打开"Word 选项"对话框，单击"保存"按钮，在保存自动恢复信息时间间隔的编辑框中选择或输入自动保存时间。

4. 更改显示"最近使用文档"数目

单击【文件】→【选项】命令，在打开的"Word 选项"对话框中，选择"高级"选项卡，在"显示"栏的"在显示此数目的'最近使用文档'"编辑框中选择或输入显示文档的数目。

5. 取消段落标志的显示

单击【文件】→【选项】命令，在打开的"Word 选项"对话框中，选择"显示"选项卡，单击"段落标记"前的复选框，将"√"去掉。

6. 启用/隐藏浮动工具栏

单击【文件】→【选项】命令，在打开的"Word 选项"对话框中，选择"常规"选项卡，单击"选择时显示浮动工具栏"前的复选框，将"√"去掉。

综上所述，Word 2010 编辑环境均可单击【文件】→【选项】命令，在打开的"Word 选项"对话框中设置。

4.2 任务二 掌握 Word 2010 的基本编辑操作

在 Word 2010 的基本编辑操作中，主要应掌握以下几个。

（1）文档的创建与保存；

（2）文本的输入与编辑；

（3）文本的查找与替换；

（4）在文本中插入数学公式（知识拓展）。

4.2.1　任务目标

打开素材文件夹中的文档"WD32.docx"，并对该文档进行编辑，要求完成后效果如图4.2所示，详见"WD32YZ.PDF"。

我们升级BIOS的首要原因通常是2000年问题。很多*计算机*，尤其是1997年以前生产的*计算机*（主机板），硬件方面基本上都存在2000年问题，为了消除此问题，*计算机*厂商和主机板厂商纷纷推出了其修正版的BIOS，因此，将原来存在2000年问题的BIOS升级为不存在2000年问题的版本成了当务之急。

升级BIOS的另一个原因在于硬盘和光驱的升级。早期一点的*计算机*往往是不能支持Ultra DMA方式的IDE接口，因此，虽然原来的硬盘换成了大容量的支持Ultra DMA数据传输的硬盘，但主机板不支持这种工作方式，这样就不能发挥硬盘的工作速度。这时也需要升级BIOS版本。

升级BIOS的另一个原因是为了让主机板识别升级以后的CPU，比如IDTC6系列、AMD系列K6-2系列、CYRIX公司的MII等。很多朋友在升级原来的*计算机*时，往往只是换一下新的CPU，遗憾的是，更换CPU后往往主机板却不能正确识别。例如，MII/300的CPU，主机板报告的却是PR266；K6-2/266的CPU，主机板报告的却是K6/266；C6/200的CPU，主机板报告的却是486DX。为了解决这些问题，必须要升级BIOS版本。

$$\frac{1}{3} + \sqrt[3]{8} = 2\frac{1}{3}$$

$$H_2SO_4 + Ca = CaSO_4 \downarrow + H_2 \uparrow$$

$$y = (C_1 + C_2 t)e^{\frac{1}{2}\sqrt{10t}}$$

$$F(-\infty) = \lim_{x \to -\infty}(x) = 0$$

图4.2　样图

4.2.2　任务实施

打开素材文件夹中的文档"WD32.docx"，将文件以另一个文件名"NEWD32.docx"保存在计算机桌面。对NEWD32.docx文档按要求完成下列操作。

（1）在文档的末尾输入如下文字作为文档的第三段：

升级BIOS的再一个原因是为了让主板识别升级以后的CPU。比如IDTC6系列、AMD系列、K6-2系列、CYRIX公司的MII等。很多朋友在升级原来的计算机时，往往只是换一下新的CPU，遗憾的是，更换CPU后往往主板却不能正确识别。例如，MII/300的CPU,主板报告的却是PR266；K6-2/266的CPU，主板报告的却是K6/266；C6/200的CPU，主板报告的却是486DX。为了解决这些问题，必须要升级BIOS版本。

（2）将文档中所有的"主板"替换为"主机板"。

（3）将文档中所有的"电脑"替换为格式为红色、加粗、倾斜、带着重号的"计算机"。

（4）在文档下方插入如下数学公式：

$$\frac{1}{3} + \sqrt[3]{8} = 2\frac{1}{3}$$

$$H_2SO_4 + Ca = CaSO_4 \downarrow + H_2 \uparrow$$

$$y = (C_1 + C_2 t)e^{\frac{1}{2}\sqrt{10t}}$$

$$F(-\infty) = \lim_{x \to -\infty}(x) = 0$$

4.2.3　相关操作与知识

★ 核心知识 1：文档的创建与保存

选择【文件】→【另存为】命令，将文件以另一个文件名"NEWD32.docx"保存在作业文件夹中。

保存文件有两种不同的状态，一是新建文件保存，二是将现有文件进行另存。

文件另存为：如果要将修改后的文档内容以另外的名字或文件类型存盘，或保存在另外的位置而不覆盖原来文档，可选择"文件"菜单的"另存为"命令。在弹出的"另存为"对话框可指定新的保存位置、文件名、文件类型。

（1）保存位置：单击打开图 4.3 中对应盘符，左侧会出现相对应的文件目录，在左侧文件列表中双击相应文件夹，即可选择文件的保存位置。

图 4.3　"另存为"对话框

（2）文件名：在"文件名"文本框中输入文件名。

（3）保存类型：单击"保存类型"下拉列表框右侧的下拉按钮，在弹出的下拉列表中选择所保存的文件类型"Word 文档（*.docx）"。

（4）保存：单击"保存"按钮即可把文件以给定的文件名保存到指定文件夹中。

新建文档保存：由于是初次保存，弹出的是"另存为"对话框，操作方法同上。若对已有文件进行存盘，可直接单击"文件"选项卡中的"保存"按钮或单击"文件"选项卡上方的"保存"按钮🖫即可。

★ 核心知识2：文本的输入与编辑

输入文档。提示：使用中文标点符号，其图标如图4.4所示。如输入顿号"、"，先单击输入法工具栏上的标点符号标志，切换到中文标点符号，再在键盘敲入"\"。

输入键盘上没有的符号通常有以下两种方法。

方法一：选择【插入】→【符号】→【其他符号】命令。

图 4.4 中文标点符号

方法二：使用软键盘，右键单击输入法工具栏，打开软键盘。

★ 核心知识3：查找与替换

STEP 1 选择【开始】→【编辑】→【替换】命令，然后在对话框"查找内容"文本框中输入"主板"，在"替换为"文本框中输入"主机板"，单击"全部替换"按钮。

字符串的查找与替换分不带格式替换和带格式替换，单击"开始"选项卡"编辑"组的"替换"选项，弹出"查找和替换"对话框，按图4.5进行设置。

图 4.5 "查找和替换"对话框

STEP 2 选择【开始】→【编辑】→【替换】命令，然后在对话框"查找内容"文本框中输入"电脑"，在"替换为"文本框中输入"计算机"，并单击"更多"按钮，打开"格式"下拉菜单，选中"字体"选项，弹出"替换字体"对话框，将"字体颜色"设置为红色、"字形"设为"加粗 倾斜"，并选择着重号。

本步骤是带格式替换，单击"开始"选项卡"编辑"组的"替换"选项，在弹出的"查找和替换"对话框中单击左下角的"更多"按钮，展开对话框，然后单击左下角的"格式"下拉菜单，选中"字体"选项卡，弹出"替换字体"对话框，并按图 4.6 进行设置。

图 4.6　"替换字体"对话框

★ **核心知识 4：公式编辑**

STEP 1 选择【插入】→【公式】→【插入新公式】选项，打开公式工具（见图 4.7），在"结构"组选择公式模板，在"符号"组选择运算符。

STEP 2 文档编辑完后保存退出。

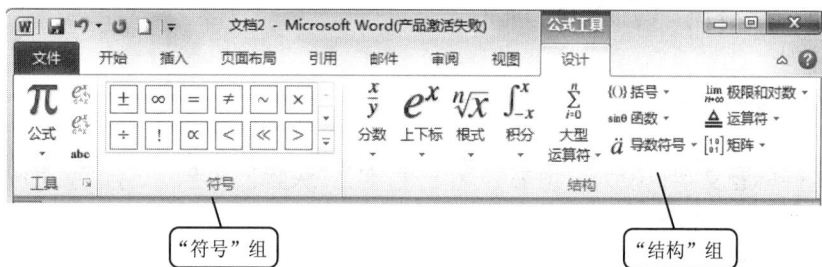

图 4.7　公式工具

> **提示**
>
> 公式编辑还可通过公式编辑器实现。选择【插入】→【对象】命令，在"对象"窗口（见图 4.8）中单击"Microsoft 公式 3.0"，单击"确定"按钮，从而打开公式编辑器（见图 4.9），在"文本框"编辑公式，在"符号区"选择公式模板。

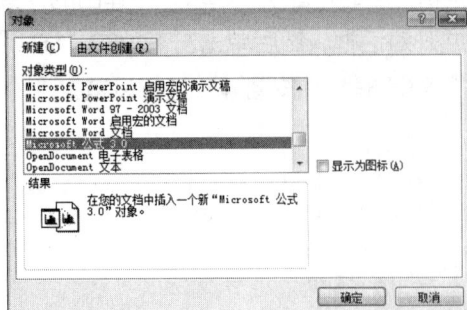

图 4.8 "对象"窗口

4.9 公式编辑器

4.3 任务三 文档的文字格式化排版

在 Word 2010 的基本排版技术中，主要应掌握以下几个操作。

（1）文字格式的设置。

（2）文档段落排版。

（3）页面设置。

（4）文档的预览与打印（知识拓展）。

本节的任务是对文档进行文字格式的设置（或称为文字的格式化）。

4.3.1 任务目标

打开素材文件夹中的文档"WD331.docx"，对该文档进行编辑，要求完成后的效果如图 4.10 所示，详见"WD33YZ.PDF"。

4.3.2 任务实施

（1）选择标题文字，设为"隶书""小一号字""深蓝、文字 2、淡色 40%"，并选择标题中的"荷"字，设为"带圈字、增大圈号"。

（2）选择标题文字，将字间距设为"加宽""10 磅"。

（3）在第二段中选择文字"心中装着景色，连走路都轻松"，设为"宋体""三号字""加粗""倾斜""绿色"并添加红色下划线。

（4）在第二段中选择文字"更欣赏荷花那种独有的心性"，设为"华文彩云""小三号字""红色"并添加着重号。

（5）在第三段中选择文字"各种颜色的荷花竞相开放"，设为"华文新魏""三号字""橙色、强调文字颜色 6、深色 25%"，并添加"蓝色、双实线、宽 0.5 磅边框"。

（6）在第四段中选择文字"虽已入秋但葱绿依然"，添加"浅绿色底纹"；选择文字

"或许也被荷花的美色吸引",添加"红色、浅色上斜线底纹"。

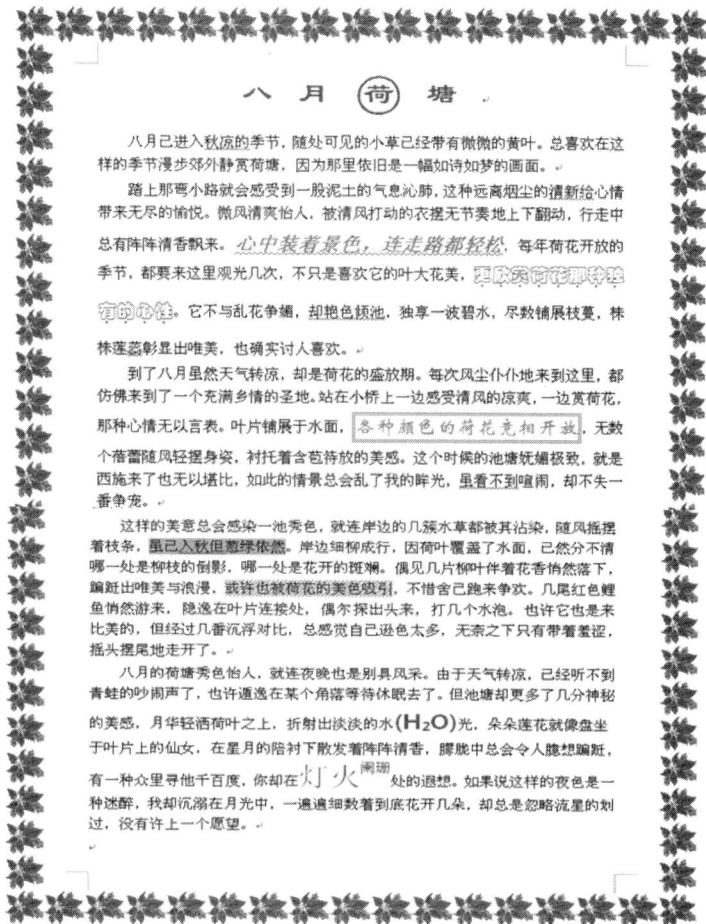

图 4.10　文字格式的设置

（7）在第五段中选择文字"(H_2O)",设为"微软雅黑""小二号字""蓝色",并将"2"设为下标;选择文字"灯火阑珊",设为"宋体""小一号字""红色",并将"阑珊"二字设为上标。

（8）给文档添加"艺术型页面边框",保存在作业文件夹中。

4.3.3　相关操作与知识

★ 核心知识 1:设置字体格式

STEP 1　选择标题文字"八月荷塘",单击"开始"选项卡,在"字体"组中,选择字体为"隶书"、字号为"小一"号字、字体颜色为"深蓝、文字 2、淡色 40%",并选择标题中的"荷"字,设为"带圈字、增大圈号"。

◎相关知识：

选中要编辑字体格式的文本对象，可单击"开始"选项卡中的"字体"组相关按钮进行字体格式设置，如图 4.11 所示。也可单击"字体"组右下方的对话框发生按钮，在弹出的"字体"对话框中，单击"字体"选项卡，在图 4.12 所示的对话框中可设置选中文本的字体、字形、字号、字体颜色、下划线、着重号、上标、下标等。

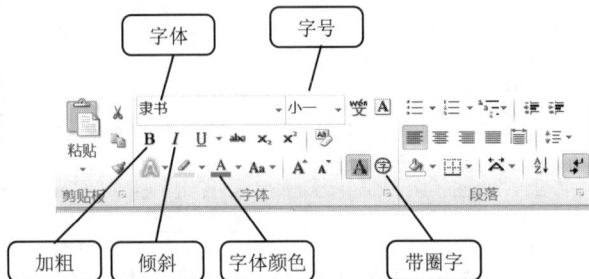

图 4.11　字体与段落格式设置组

STEP 2 选择标题文字"八月荷塘"，单击"开始"选项卡"字体"组中右下方的对话框发生按钮，在弹出的"字体"对话框（见图 4.12）中单击"高级"选项卡，并按照图 4.13 所示的方法进行字间距的设置。

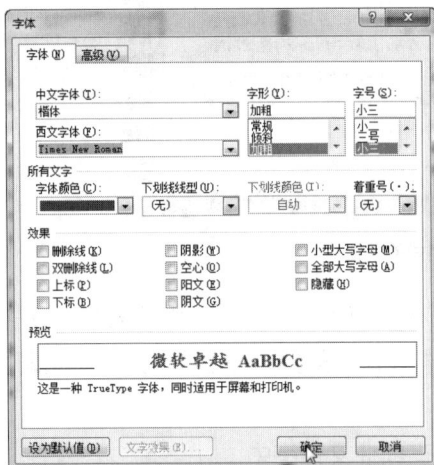

图 4.12　"字体"对话框（"字体"选项卡）　　图 4.13　"字体"对话框（"高级"选项卡）

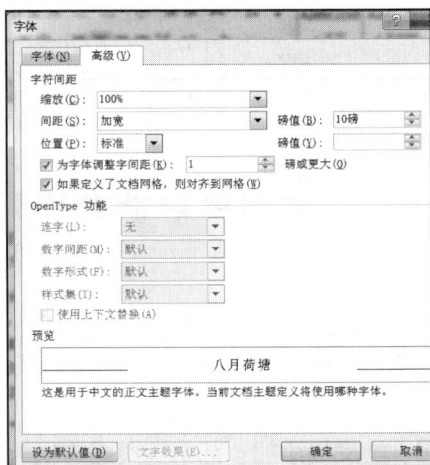

STEP 3 在第二段中选择文字"心中装着景色，连走路都轻松"，在"字体"对话框中进行设置。

STEP 4 在第二段中选择文字"更欣赏荷花那种独有的心性"，在"字体"对话框中进行设置。

★ **核心知识 2：设置文字边框和底纹**

STEP 1 在第三段中选择文字"各种颜色的荷花竞相开放"，在"字体"对话框中设置字体、字形、字号和颜色。打开"边框和底纹"对话框，设置"蓝色、双实线、宽0.5 磅边框"，如图 4.14 所示。

图 4.14 "边框和底纹"对话框

"边框和底纹"对话框的打开方法：单击"开始"选项卡，在"段落"组中单击"边框和底纹"右边的下拉按钮▼，在打开的下拉菜单中选择最后一项"边框和底纹"，如图 4.15 所示。

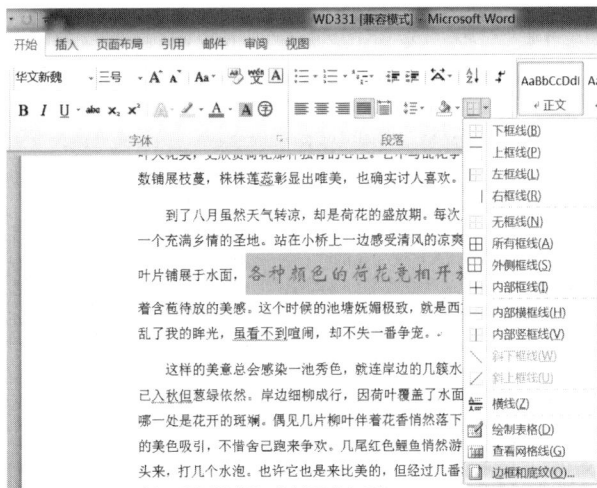

图 4.15 "边框和底纹"按钮下拉菜单

STEP 2 在第四段中选择文字"虽已入秋但葱绿依然"，打开"边框和底纹"对话框，单击"底纹"选项卡，填充浅绿色底纹；在第四段中选择文字"或许也被荷花的美色吸引"，打开"边框和底纹"对话框，单击"底纹"选项卡，单击"样式"右边的下拉按钮▼，将滚动条拉到底，选择"浅色上斜线"，设置颜色为红色。

STEP 3 在第五段中选择文字"(H_2O)"，在"字体"对话框中设置为微软雅黑、小二号字、蓝色。选择文字"2"，将其设为下标；选择文字"灯火阑珊"，在"字体"对话框中设置设为宋体、小一号字、红色，选择"阑珊"二字并将其设为上标。

★ **核心知识 3：设置页面边框**

在“边框和底纹”对话框中单击“页面边框”选项卡，单击“艺术型”右边的下拉按钮▼，选择一种艺术型页面边框。

4.4 任务四　设置文档的段落格式化排版

本节的任务是对文档进行段落排版（或称段落的格式化）和页面设置。

4.4.1 任务目标

打开素材文件夹中的文档“WD332.docx”，并对该文档进行编辑，要求完成后的效果如图 4.16 所示，详见“WD34YZ.PDF”。

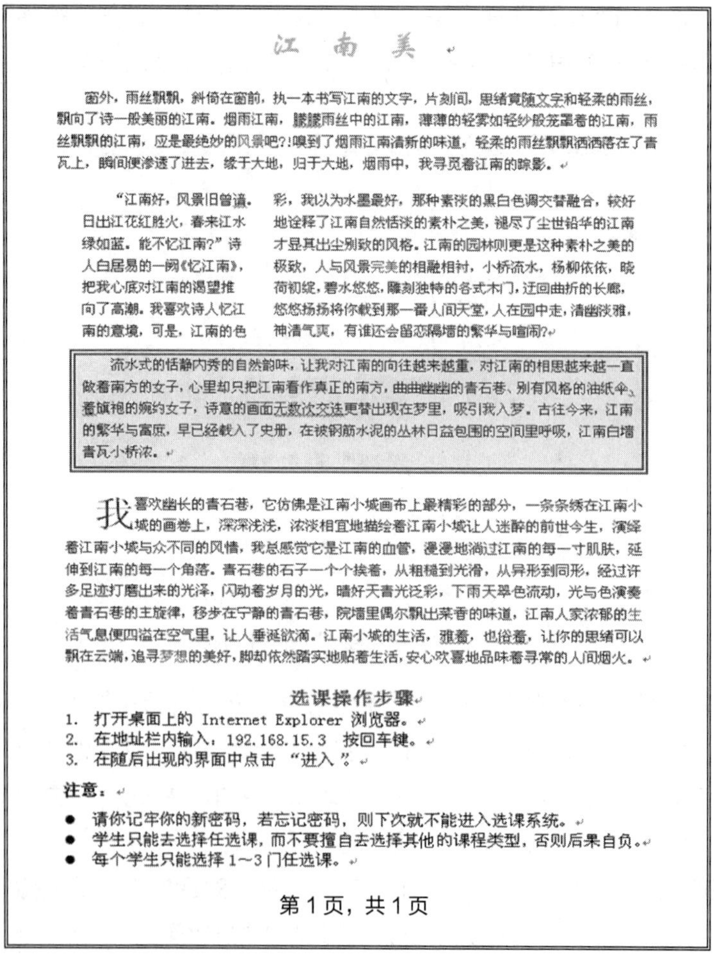

江　南　美

窗外，雨丝飘飘，斜倚在窗前，执一本书写江南的文字，片刻间，思绪竟随文字和轻柔的雨丝，飘向了诗一般美丽的江南。烟雨江南，朦朦雨丝中的江南，薄薄的轻雾如轻纱般笼罩着的江南，雨丝飘飘的江南，应是最绝妙的风景吧?!嗅到了烟雨江南清新的味道，轻柔的雨丝飘飘洒洒落在了青瓦上，瞬间便渗透了进去，缘于大地，归于大地，烟雨中，我寻觅着江南的踪影。

“江南好，风景旧曾谙。日出江花红胜火，春来江水绿如蓝。能不忆江南?”诗人白居易的一阕《忆江南》，把我心底对江南的渴望推向了高潮。我喜欢诗人忆江南的意境，可是，江南的色彩，我以为水墨最好，那种素淡的黑白色调交替融合，较好地诠释了江南自然恬淡的素朴之美，褪尽了尘世铅华的江南才显其出尘别致的风格。江南的园林则更是这种素朴之美的极致，人与风景完美的相融相衬，小桥流水，杨柳依依，晓荷初绽，碧水悠悠，雕刻独特的各式木门，迂回曲折的长廊，悠悠扬扬将你载到那一番人间天堂，人在园中走，清幽淡雅，神清气爽，有谁还会留恋隔墙的繁华与喧闹?

流水式的恬静内秀的自然韵味，让我对江南的向往越来越重，对江南的相思越来越一直做着南方的女子，心里却只把江南看作真正的南方，曲曲幽幽的青石巷、别有风格的油纸伞、着旗袍的婉约女子，诗意的画面无数次交迭更替出现在梦里，吸引我入梦。古往今来，江南的繁华与富庶，早已经载入了史册，在被钢筋水泥的丛林日益包围的空间里呼吸，江南白墙青瓦小桥浓。

我喜欢幽长的青石巷，它仿佛是江南小城画布上最精彩的部分，一条条绣在江南小城的画卷上，深深浅浅，浓淡相宜地描绘着江南小城让人迷醉的前世今生，演绎着江南小城与众不同的风情，我总感觉它是江南的血管，漫漫地淌过江南的每一寸肌肤，延伸到江南的每一个角落。青石巷的石子一个个挨着，从粗糙到光滑，从异形到同形，经过许多足迹打磨出来的光泽，闪动着岁月的光，晴好天青光泛彩，下雨天翠色流动，光与色演奏着青石巷的主旋律，移步在宁静的青石巷，院墙里偶尔飘出菜香的味道，江南人家浓郁的生活气息便四溢在空气里，让人垂涎欲滴。江南小城的生活，雅着，也俗着，让你的思绪可以飘在云端，追寻梦想的美好，脚却依然踏实地贴着生活，安心欢喜地品味着寻常的人间烟火。

选课操作步骤

1. 打开桌面上的 Internet Explorer 浏览器。
2. 在地址栏内输入：192.168.15.3　按回车键。
3. 在随后出现的界面中点击 “进入”。

注意：

- 请你记牢你的新密码，若忘记密码，则下次就不能进入选课系统。
- 学生只能去选择任选课，而不要擅自去选择其他的课程类型，否则后果自负。
- 每个学生只能选择 1～3 门任选课。

第 1 页，共 1 页

图 4.16　段落排版

4.4.2　任务实施

（1）将主标题"江南美"居中。

（2）将正文第 2 段和第 3 段位置互换。

（3）将正文所有段落的首行缩进 2 字符，行距设为 1.25 倍，段前、段后均设为 18 磅。

（4）将文档第 2 段分为偏左的 2 栏。

（5）给文档第 3 段添加 1.5 磅、红色、双实线边框，并设置为填充橙色、强调文字颜色 6、淡色 80%底纹。

（6）将文档最后一段设置首字下沉，下沉行数为 2 行。

（7）在文档末尾插入文档"项目符号.docx"的内容，并给插入文档的正文前 3 段添加编号（1.2.3.），后前 3 段添加项目符号•。

（8）给文档添加页眉"优秀散文选"，添加页脚"第 x 页，共 y 页"。

（9）页面设置：纸张大小为 A4，页边距上、下各为 2.0cm，左、右各为 2.5cm。

4.4.3　相关操作与知识

★ 核心知识 1：设置段落对齐

STEP 1 选择主标题文字"江南美"，在"开始"选项卡的"段落"组中单击"居中"按钮。

◎相关知识：

段落的对齐方式有 5 种，分别是"左对齐""居中对齐""右对齐""两端对齐"和"分散对齐"。Word 默认的情况是"两端对齐"。表 4.1 说明并显示了 5 种对齐方式的效果对比。

表 4.1　几种段落对齐方式的效果对比

对齐方式	说明
居中对齐	居中对齐往往用于标题，多数是单行的段落，即文字排在一行的中间，两端到边界的距离相同
左对齐	左对齐是段落左边对齐，右边不对齐
右对齐	右对齐是段落右边对齐，左边不对齐，右对齐用在单行段落的情况比较多
两端对齐	两端对齐是中文的习惯格式，即段落各行文字（除段落的最后一行外），左、右两端都是对齐的，最后一行允许右端不齐
分散对齐	分散对齐是一种特殊格式，一般用于单行的段落，其中的文字均匀地拉开距离，将一行占满

设置段落对齐方式有两种方法。

方法一：单击"开始"选项卡的"段落"组中的相应功能按钮，对段落进行相应的对齐设置。需要说明的是，"左对齐"即各行向左边对齐，右边到一个字不能再放下为止。中文多用两端对齐。

方法二：单击"段落"组右下方的按钮 ，弹出"段落"对话框，如图 4.17 所示。在"常规"选项区域的"对齐方式"下拉列表框中，选择一种对齐方式设置即可。

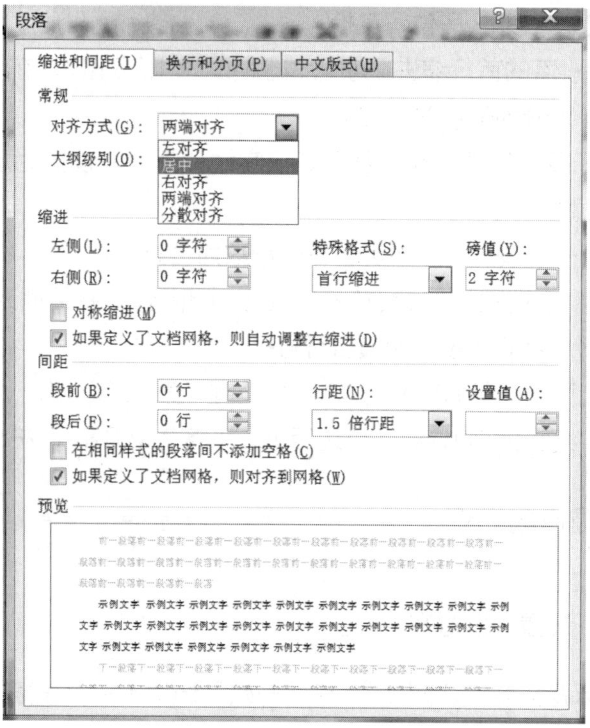

图 4.17　"段落"对话框

STEP 2 选择第 2 段，按【Ctrl+X】组合键剪切，将光标移至第 3 段末尾处，按【Enter】键，插入一空行，在空行处按【Ctrl+V】组合键粘贴。

★ **核心知识2：设置段落缩进**

选中正文所有段落，单击"开始"选项卡，单击"段落"组右下方的按钮 ，在打开的"段落"对话框中，设置段落的格式为：首行缩进 2 字符，行距 1.25 倍，段前、段后均设为 18 磅。

◎相关知识：

（1）在如图 4.17 所示的"段落"对话框中，可对段落的对齐方式、段落缩进（包括段落的左缩进、右缩进、首行缩进、悬挂缩进）、段前段后间距及行距进行设置。注意：需要对某一段落进行格式设置时，将插入点放置在段落的任一位置均可。但是需要对几个段落进行设置时，就要选中这几个段落，然后才能对这些段落进行格式设置。

（2）段落缩进也可使用在水平标尺上拖动缩进标记来设置，如图 4.18 所示。这种方法是在页面中直接进行的，比较直观，但只能对缩进量进行粗略设置。

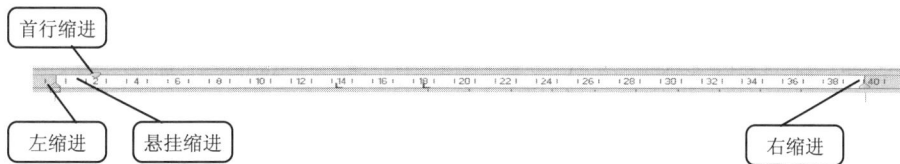

图 4.18　用水平标尺设置段落缩进

① 首行缩进标记：用于段落首行缩进。拖动此标记可以确定段落第一行文字的开始位置，通常中文文章段落首行缩进两个字符。

② 左缩进标记：用于确定段落各行文字左端的对齐位置，拖动此标记可以使首行缩进标记和段落左缩进标记同时动作。

③ 悬挂缩进标记：是一种特殊的段落格式，拖动此标记可以确定段落除首行外的其他行文字左端对齐位置。

④ 右缩进标记：拖动此标记可以确定段落各行文字右端的对齐位置。

（3）相同格式的设置。在编辑文本过程中，有时会碰到多处文字和段落需要设置相同格式的情况，利用"格式刷"工具，可以将设置好的格式复制到其他字符和段落上。格式刷的使用方法如下：

① 先设置好一段文本的格式，然后将光标定位到这段文本中；

② 在"开始"选项卡用鼠标单击"剪贴板"组的"格式刷"工具，此时鼠标指针变成刷子形状；

③ 拖动鼠标扫过要设置成相同格式的文本，即可将文本设置成相同格式。此时格式刷只能"刷"一次，之后鼠标指针自动变为光标形状。

> **提示**
> 如果想用格式刷将同一个格式设置到多处文本，即用格式刷"刷多次"，只需在步骤②用鼠标双击"剪贴板"组的"格式刷"工具，然后拖动鼠标扫过要设置成相同格式的文本。这时拖扫操作可以进行多次，鼠标指针仍保持刷子形状。要取消格式刷，可再单击一次"格式刷"工具，即返回到"|"型光标。

★ **核心知识 3：设置分栏**

选中正文第 2 段，单击"页面布局"选项卡，单击"页面设置"组的"分栏"命令按钮右边的下拉框，选择"更多分栏"，弹出"分栏"对话框，如图 4.19 所示。在"分栏"对话框中指定要分栏的栏数、每栏的宽度、栏与栏之间的间距及是否在两栏之间加分隔线等，可以在预览中查看分栏效果，单击"确定"按钮，完成分栏设置。

◎相关知识：

注意：一般情况下，对文档最后一段分栏时，先在本文档最后一行回车添加一空行，再对前一段文本进行分栏。另外，分栏效果只有在"页面视图"下才能看到。

★ 核心知识 4：设置段落边框和底纹

选中正文第 3 段，单击"开始"选项卡，单击"段落"组中的"边框和底纹"右边的下拉按钮，在打开的下拉菜单中选择最后一项"边框和底纹"，在打开的"边框和底纹"对话框中单击"边框"选项卡，在"样式"栏选择双实线，在

图 4.19 "分栏"对话框

"颜色"栏选择红色，在"宽度"栏选择"1.5 磅"，单击"底纹"选项卡，在"填充"栏选择要填充的颜色。

◎相关知识：

"边框和底纹"对话框也可以用以下方法打开：单击"页面布局"选项卡，单击"页面背景"组的"页面边框"命令按钮，在"边框和底纹"对话框中，既可以对选中的段落或文字设置边框和底纹，也可以对整篇文档设置"艺术型"的页面边框。

★ 核心知识 5：设置首字下沉

将光标放入文档最后一段中，单击"插入"选项卡，单击"文本"组的"首字下沉"命令按钮，在弹出的下拉菜单中选最后一项"首字下沉选项"，在打开的"首字下沉"对话框中进行设置。

★ 核心知识 6：插入文档对象

将光标放入文档末尾，单击"插入"选项卡，单击"文本"组的"对象"命令右边的下拉按钮 ▼，在弹出的下拉菜单中选最后一项"文件中的文字"，在计算机中找到文档"项目符号.docx"插入。

★ 核心知识 7：添加项目符号和编号

① 添加编号。选择插入文档的正文前 3 段，单击"开始"选项卡，单击"段落"组的"编号"命令右边的下拉按钮 ▼，在"编号库"中选择一种编号样式，如图 4.20 所示。
② 添加项目符号。选择插入文档的正文后 3 段，单击"开始"选项卡，单击"段落"组的"项目符号"命令右边的下拉按钮，在"项目符号库"中选择一种项目符号样式，如图 4.21 所示。

◎相关知识：

编排文档时，在某些段落前加上编号或项目符号，可以提高文档的可读性。手工输入段落编号或项目符号不仅效率不高，而且在增删段落时还需修改编号顺序，容易出错。在

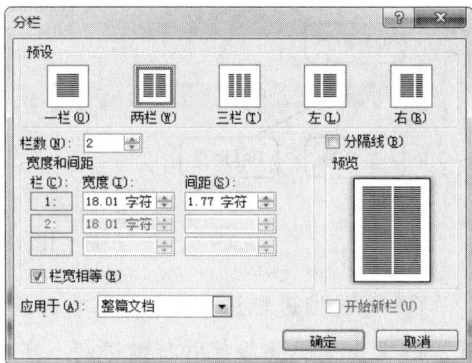

Word 中，可以在键入文本时自动给段落创建编号或项目符号，也可以给已键入的各段文本添加编号或项目符号。

图 4.20　编号

图 4.21　项目符号

（1）在键入文本时，自动创建编号或项目符号

在键入文本前选择"开始"选项卡的"段落"组的"编号"或"项目符号"命令右边的下拉符号▼，打开如图 4.20 所示的"编号库"或如图 4.21 所示的"项目符号库"，从中选取一种"编号"或"项目符号"；也可以选择"定义新编号格式"或"定义新项目符号"，在打开的"定义新编号格式"或"定义新项目符号"对话框中进行设置。

（2）对已键入的段落添加"项目符号"或"编号"

选定要添加"项目符号"或"编号"的段落，按上述操作设置即可。

★ 核心知识 8：添加页眉和页脚

① 添加页眉。单击"插入"选项卡，单击"页眉和页脚"组的"页眉"按钮，在打开的列表中选择一种页眉样式。②添加页脚。单击"插入"选项卡，单击"页眉和页脚"组的"页脚"按钮，在打开的列表中选择一种页脚样式。

◎相关知识：

页码可加在页眉或页脚中，也可加在文档的其他地方。单击"插入"选项卡，单击"页眉和页脚"组的"页码"按钮，在打开的列表中选择"设置页码格式"命令，在打开的"页码格式"对话框中设置编号格式、页码编号以及包含的章节号等。

★ 核心知识 9：页面设置

新建一篇文档后，我们首先要对文档进行页面设置，以便文档打印出来，既符合打印纸张大小，又规范整洁、美观。

单击"页面布局"选项卡，再单击"页面设置"组右下方的 按钮，在打开的"页面设置"对话框中设置，如图 4.22 所示。

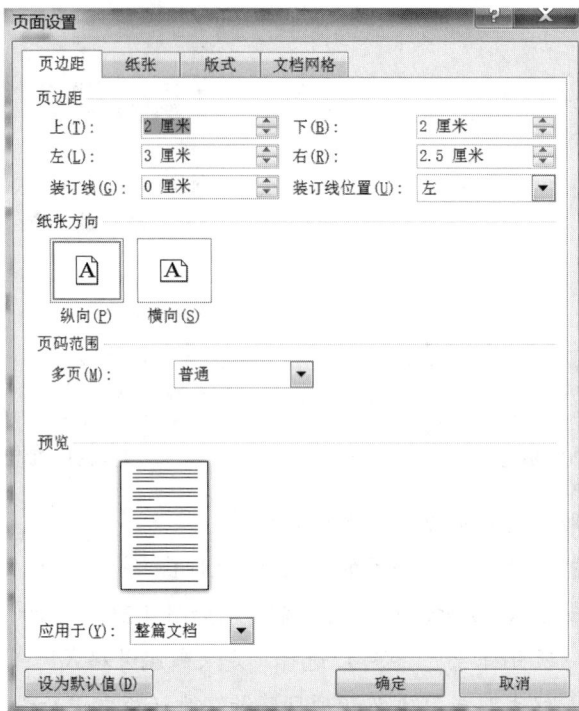

图 4.22 "页面设置"对话框

◎相关知识：

（1）"页边距"选项卡：用于设置页面的边缘应留出多少空白区域、装订线的位置、纸张方向等。需要注意的是，页边距设置完毕，用户要确定设置是应用于整篇文档还是部分文档，例如在插入点之后，或文档中的某节，因此要在对话框下方的"应用于"下拉菜单中选择。最后单击"确定"按钮。

（2）"纸张"选项卡：用于设置打印文档时使用的纸张大小和来源，通常使用 A4、B5 和 16K。对于需要设置特殊大小的纸张（例如请柬），可在"纸张大小"下拉列表中选择"自定义大小"选项，在"宽度"和"高度"框中设定具体的值。随着设置的改变，可在对话框右下方的预览框中随时显示文档的外观。当外观合乎要求时，单击"确定"按钮完成页面设置。

（3）"版式"选项卡：用于设置页眉、页脚距边界的值，页眉和页脚在整个文档中是始终一样的，还是奇偶页不同或首页不同等。

（4）"文档网格"选项卡：用于设置文档每页的行数、每页的字数，正文的字体、字号、栏数、正文的排版方式等。

4.5 任务五　制作公司产品销售情况表

在 Word 2010 表格制作中，主要应掌握以下几个操作。

（1）表格的创建与修改。

（2）表格的计算和排序。

（3）设置表格的边框和底纹。

（4）表格与文本的相互转换。

4.5.1 任务目标

制作表格，要求完成后的效果如图 4.23 所示，详见“WD35-1 表格样张.PDF”。

<table>
<tr><td colspan="6">电科商场一季度销售情况表</td></tr>
<tr><td>销量
名称</td><td>一月</td><td>二月</td><td colspan="2">三月</td><td>平均月销</td></tr>
<tr><td>小米</td><td>22</td><td>32</td><td colspan="2">28</td><td>27.33</td></tr>
<tr><td>华为</td><td>34</td><td>42</td><td colspan="2">58</td><td>44.67</td></tr>
<tr><td>魅族</td><td>20</td><td>18</td><td colspan="2">25</td><td>21</td></tr>
<tr><td>三星</td><td>28</td><td>20</td><td colspan="2">26</td><td>24.67</td></tr>
<tr><td>合计</td><td>105</td><td>111</td><td colspan="2">137</td><td></td></tr>
<tr><td>制表:</td><td>杨华</td><td>审核:</td><td>刘静</td><td>日期:</td><td>2016-08-20</td></tr>
</table>

图 4.23　制作表格

4.5.2 任务实施

（1）新建一个 Word 文档，在文档中插入表格。

（2）调整列宽，将表格第 1 列和最后一列的列宽设为 2.5 厘米，其余列列宽相等（无具体数值要求，合适即可）。

（3）调整行高，将表格第 2 行行高设为 2 厘米，其余行行高相等（无具体数值要求，合适即可）。

（4）将表格第 1 行单元格合并，将表格最后一行先合并再拆分成 1 行 6 列。

（5）制作“斜线表头”。

（6）输入表格内容，将表格内容居中对齐（斜线单元格和最后一行除外）。

（7）计算“平均月销”及“合计”。

（8）设置表格的外边框线为双实线、红色、1.5 磅，内表格线为单实线、蓝色、1.0 磅。

（9）设置如图 4.23 所示的底纹，保存退出。

4.5.3　相关操作与知识

★ **核心知识 1：创建表格**

单击"插入"选项卡，再单击"表格"组的"表格"按钮，在弹出的 "表格"下拉框下方的表格预览中拖动鼠标，选定 5 列 7 行，如图 4.24 所示，释放鼠标左键即可在插入点处插入一个 5 列 7 行的空白表格。

◎**相关知识：**

表格是一种简明扼要的信息表达方式，它以行列形式组织信息，结构严谨，效果直观。Word 2010 可以方便地在文档中插入表格，在表格单元格中填入文字和图形，并可以对表格进行简单的计算。

常用创建表格的方法有如下 3 种。

方法一：在弹出的"表格"下拉框下方的表格预览中拖动鼠标，选定行、列数，释放鼠标左键即可在插入点处插入一个空白表格。这种方法直观快捷，得到的最大表格是 10 列 8 行。

方法二：在弹出的"表格"下拉框中选择"插入表格"命令，打开对话框，如图 4.25 所示，按需要输入列数、行数及相关参数，单击"确定"按钮，即可在插入点生成一个空白表格。

方法三：在弹出的"表格"下拉框中选择"绘制表格"命令，鼠标指针变为笔形，拖动鼠标即可绘制表格。表格绘制完成后，双击鼠标，指针恢复原状。

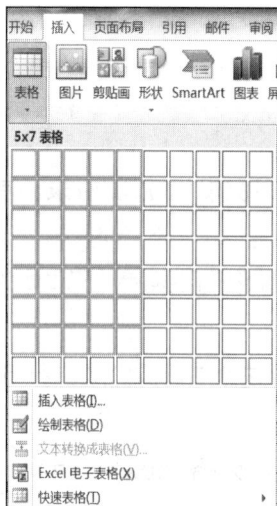

图 4.24　拖动鼠标插入表格　　　　图 4.25　"插入表格"对话框

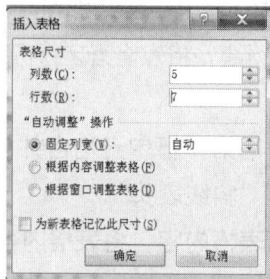

★ 核心知识 2：设置表格属性

STEP 1 将鼠标放在表格的左边线（或右边线）上，当鼠标变成左右分裂的箭头时拖动鼠标调整左边第一列（或右边第一列）的列宽。全选表格，单击鼠标右键，在弹出的快捷菜单中选择"平均分布各列"命令。重复以上步骤，调至合适的列宽。选择第一列和最后一列，单击鼠标右键，在弹出的快捷菜单中选择"表格属性"，打开"表格属性"对话框，将列宽设为"指定宽度 2.5 厘米"，如图 4.26 所示。

STEP 2 行高的调整与列宽的调整类似，可参照列宽的调整进行操作。

◎相关知识：

（1）行高调整方法：把鼠标移动到欲调整行的上、下边线上，当鼠标变为上下分裂的箭头时，按下鼠标左键，当出现虚线横线时，则上下拖动鼠标即可调整行高。

（2）列宽调整方法：把鼠标移动到欲调整的列的左、右边线上，当鼠标变为左右分裂的箭头时，按下鼠标左键，当出现虚线竖线时，则左右拖动鼠标即可调整列宽。

（3）全选表格：单击表格左上角的"移动标记"可快速地全选表格。

图 4.26 "表格属性"对话框

（4）移动和缩放表格：当把光标置入表格中时，在表格的左上角和右下角会分别出现移动和缩放标记，如图 4.27 所示。

① 移动表格：可将鼠标指针指向左上角的移动标记，然后按下左键拖动鼠标，拖动过程中会有一个虚线框跟着移动，当虚线框到达指定的位置后，松开左键即可将表格移动到指定位置。

② 缩放表格：可将鼠标指针指向右下角的缩放标记，然后按下左键拖动鼠标，拖动过程中也有一个虚线框表示缩放尺寸，当虚线框尺寸符合需要后，松开左键即可将表格缩放为需要的尺寸。

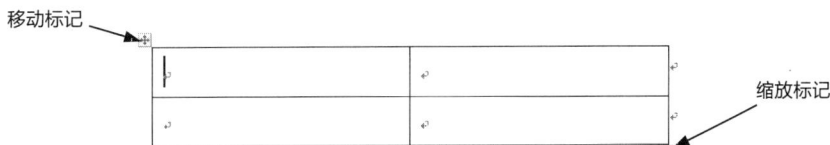

图 4.27 移动和缩放表格标记

（5）新增行或列：若要新增行，选定行后单击鼠标右键，在弹出的快捷菜单中选择"插入"命令，然后根据情况选择插入行的位置。新增列同理。

（6）删除行或列：若要删除行，选定行后单击鼠标右键，在弹出的快捷菜单中选择"删除行"命令，删除列同理。要清除表中数据，可选中表中内容后按【Delete】键。

STEP 3 选择表格第1行，单击鼠标右键，在弹出的快捷菜单中选择"合并单元格"命令。

选择表格最后一行，单击鼠标右键，在弹出的快捷菜单中选择"合并单元格"命令，再单击鼠标右键，在弹出的快捷菜单中选择"拆分单元格"命令，在打开的"拆分单元格"对话框中将列数设为6，行数设为1。

STEP 4 将插入点放在要绘制斜线表头的单元格中，在表格工具中选"设计"选项卡，在"表格样式组"中选"边框"，在下拉的边框列表中选"斜下框线"。

STEP 5 在表格中输入文本和数字，设置字体、字形、字号、颜色，将表格内容居中对齐（斜线单元格和最后一行除外）。

> **提示** 选择表格中的单元格，单击鼠标右键，在弹出的快捷菜单中选择"单元格对齐方式"命令，有9种对齐方式可供选择。

★ 核心知识3：表格的计算

计算"平均月销"和"合计"。

① 计算"平均月销"：将插入点放入要保存计算结果的单元格中，在"表格工具"中选"布局"选项卡，在数据组中选"*fx* 公式"，在弹出的"公式"对话框中输入：=AVERAGE(LEFT)，如图4.28所示。

② 计算"合计"：将插入点放入要保存计算结果的单元格中，在"表格工具"中选"布局"选项卡，在数据组中选"*fx* 公式"，在弹出的"公式"对话框中输入：=SUM(ABOVE)，如图4.29所示。

图4.28 "公式"对话框1　　　　　图4.29 "公式"对话框2

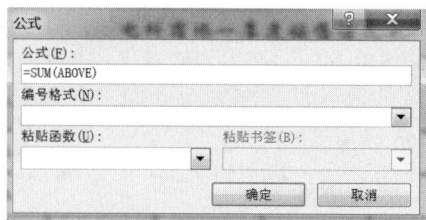

◎相关知识：

Word可以对表格中的内容进行加、减、乘、除、求和、求平均值、求最大值、求最小值等计算。单击"表格工具"的"布局"选项卡的"数据"组"*fx* 公式"命令按钮，可以对数据进行简单计算。Word 表格的计算不能像 Excel 表格那样将计算结果拖动填充,只能逐个计算,可将第 1 次计算时输入的公式复制,下次计算时在"公式"对话框中粘贴。

★ 核心知识 4:设置表格边框和底纹

STEP 1 ① 外边框线的设置。单击表格左上角的 ⊞ 全选表格,单击鼠标右键,在弹出快捷菜单后选择"边框和底纹"命令,在打开的"边框和底纹"对话框中选"自定义",然后在"样式"中选择边框线型为双实线,在"颜色"中选择红色,在"宽度"中选择宽度为 1.5 磅,然后用鼠标单击"预览"中的外边框后确定,如图 4.30 所示。

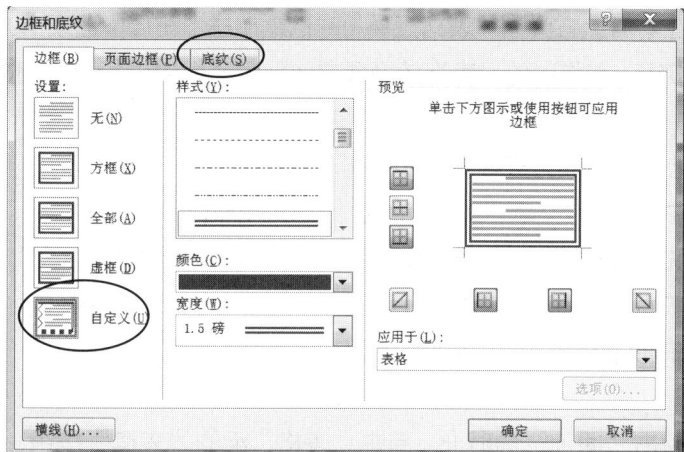

图 4.30 "边框和底纹"对话框

② 内表格线的设置:选择表格中除第一行外的所有行,单击鼠标右键,在弹出快捷菜单后选择"边框和底纹"命令,在打开的"边框和底纹"对话框中选"自定义",然后在"样式"中选择线型为单实线,在"颜色"中选择"蓝色",在"宽度"中选择宽度为 1.0 磅,然后用鼠标单击"预览"中内表格线和上表格线后确定。

> **提示** 斜线单元格的斜线线型、颜色、宽度的设置需单独选择斜线单元格,然后按上述步骤进行设置。

STEP 2 打开"边框和底纹"对话框,单击"底纹"选项卡,在弹出的选项中设置纯色底纹或带图案的底纹,完成后存盘退出。

4.5.4 Word 表格的其他功能

★ 核心知识 1:表格与文本的相互转换

在 Word 中可以利用"表格工具"的"布局"选项卡的"数据"组"转换为文本"命令按

钮，在弹出的"表格转换成文本"对话框中进行表格和文本之间的转换，这对于利用相同信息源实现不同工作目标是非常有益的。

例1：将下列表格转换为文字。

序号	姓名	语文	数学	物理
1	李建国	92	78	88
2	张为民	70	91	88
3	李平	56	68	72
4	王芳	86	87	47

操作步骤：

全选表格则在窗口上方弹出"表格工具"对话框单击"布局"选项卡的"数据"组"转换为文本"命令按钮，在弹出的"表格转换成文本"对话框中进行表格和文本之间的转换，如图 4.31 所示。

例2：将下列文字转换为表格。

名称	生产厂商	参考价格	最高时速
巡洋舰	沈阳造船厂	2000 万元	1000 海里/小时
歼击舰	东海造船厂	1800 万元	3000 海里/小时
护航舰	东海造船厂	1200 万元	3000 海里/小时

操作步骤：

全选文本，单击"插入"选项卡，单击"表格"组的"表格"按钮，在弹出的下拉框选"文本转换为表格"，在打开的"将文字转换成表格"对话框中完成转换设置，如图 4.32 所示。

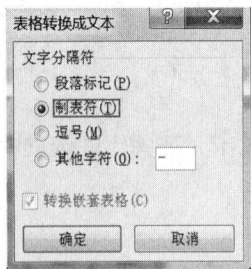

图 4.31 "表格转换成文本"对话框

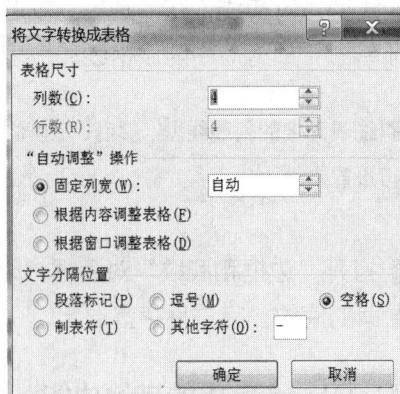

图 4.32 "将文字转换成表格"对话框

★ 核心知识2：表格的排序及图表功能

Word 可以实现对表格中的内容按顺序排序，单击"表格工具"的"布局"选项卡的

“数据”组“排序”命令按钮，可以对数据进行排序。

Word 还具备图表的功能，但同电子表格处理软件 Excel 相比，Word 在这方面不具有优势，这里就不做介绍了。如果要对数据做较复杂的统计计算，或生成图表，可以利用 Office 组件中的 Excel 来处理，然后将得到的结果复制到 Word 文档中。

4.5.5 拓展实训

制作一个学生成绩表，效果图如图 4.33 所示，详见样张“WD35-2 学生成绩表样张.pdf”。

学 生 成 绩 表

班级：计算机 2015-1　　　　任课教师：李明

学号	姓名	总评	平时成绩								期末考试成绩
			作业、实训					测验段考		平时综合成绩	
			分项成绩					分项成绩			
20150509001											
20150509002											
20150509003											
20150509004											
20150509005											

学生人数：　　　　制表日期：　年　月　日

图 4.33　学生成绩表样图

任务要求

新建一个 Word 文档，并以“学生成绩表.docx”为文件名保存到“拓展任务”文件夹下，并对学生成绩表.docx 文档做如下操作：

（1）页面设置为纸张大小 A4，页边距上、下各为 2.2cm，页边距左、右各为 2.6cm。

（2）设计一个学生成绩表，其要求和效果图如图 4.33 所示。除标题“学生成绩表”为宋体、小二号字以外，其余文字为宋体、五号，表格内容水平居中。

4.6 任务六　设置宣传广告的图文混排

在 Word 2010 图文混排中，主要应掌握以下几个操作。

（1）插入艺术字，设置艺术字形状、格式。

（2）插入剪贴画。

（3）在文档中插入图片，会对图片格式进行设置。

（4）插入 SmartArt 图形。

（5）绘制自选图形。

（6）横排文本框、竖排文本框。

4.6.1 任务目标

效果图如图 4.34 所示，详见"WD36-1 广告样张.pdf"。

图 4.34 广告效果图

4.6.2 任务实施

新建文档并保存命名为"广告．docx"，将文件保存在"作业"文件夹中。按要求完成下列操作。

（1）页面设置：设置纸张大小为 A4，纸张方向为"横向"，页边距上、下、左、右均为 1.0 厘米。

（2）背景设置：将"背景图片.jpg"设置为背景。

（3）插入自选图形：参照样图插入十字星、直线等自选图形。

（4）插入艺术字：分别插入"华为手机大放送""庆元旦 贺新年"艺术字，并将它们拖放到图 4.32 所示的位置。

（5）插入文本框及图片。

4.6.3 相关操作与知识

★ 核心知识 1：页面设置

页面设置：单击【页面布局】→【页面设置】，在弹出的"页面设置"对话框中，单击

"页边距"选项卡，设置上、下、左、右页边距均为 1 厘米，设置纸张方向为"横向"，如图 4.35 所示。

图 4.35　文档页面设置

★ **核心知识 2：插入图片**

背景图片设置：单击【页面布局】→【页面背景】组中的【页面颜色】→【填充效果】。在弹出的"填充效果"对话框中，单击"图片"选项卡，单击"选择图片"，在弹出的"选择图片"对话框中，选择"背景图片.jpg"，单击"插入"按钮即可，如图 4.36 所示。

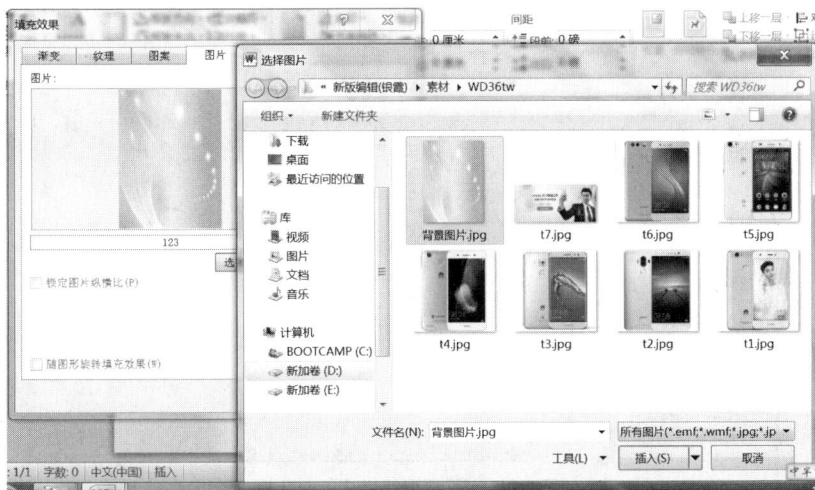

图 4.36　"填充效果"对话框

★ **核心知识 3：插入形状**

（1）插入自选图形"十字星"。

① 绘制图形：单击【插入】→【形状】→【星与旗帜】→【十字星】，如图 4.37 所示。

此时，鼠标成精确定位的 + 状态，按住鼠标左键拖拽，绘制"十字星"。

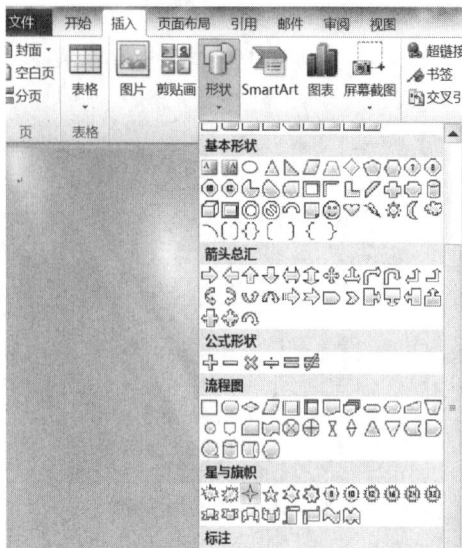

图 4.37　插入形状

② 设置图形的"形状格式"：选定"十字星"，单击鼠标右键，在弹出的快捷菜单中选择"设置形状格式"命令，打开"设置形状格式"对话框，如图 4.38 所示，设置"十字星"的线条颜色为"无"，填充为"纯色填充""白色"，"发光和柔化边缘"的参数如图 4.39 所示。

图 4.38　"设置形状格式"对话框

③ 将设置好的"十字星"复制粘贴 2 个，放在图 4.32 广告效果图所示的位置。

（2）插入直线：选择形状轮廓，可对其粗细及箭头进行设置。插入两根直线方法同上，设置其线条颜色为白色，粗细为 4.5 磅实线，箭头始末端样式为"圆形箭头"，大小为 5 号。选中直线后，右击选择"置于底层"命令，并将直线移动至如图 4.34 广告效果图所示的位置。

图 4.39　设置发光和柔化边缘

★ **核心知识 4：插入艺术字**

（1）插入艺术字：单击"插入"选项卡，在"文本"组中单击"艺术字"按钮，在弹出的列表中选择一种艺术字样式，如图 4.40 所示，输入文字"华为手机大放送"，并将其字体设置为隶书、字号为 50。

（2）设置艺术字"文字效果"：选择艺术字，单击"格式"选项卡，在"艺术字样式"组中单击"文字效果"按钮，选择最底部的"转换"，在弹出的艺术形状库中选择"波形 1"，如图 4.41 所示。

（3）复制艺术字，改变文字内容为"庆元旦　贺新年"，并将其移动到相应位置。其位置如图 4.34 广告效果图所示。

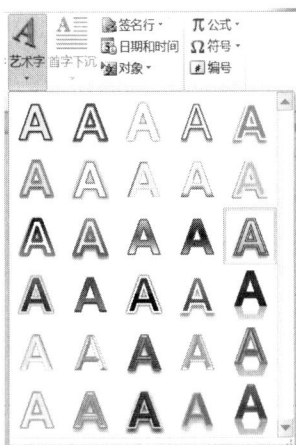

图 4.40　"艺术字"列表

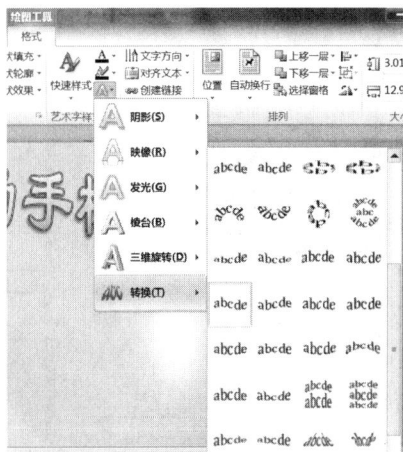

图 4.41　艺术形状库

★ **核心知识5：设置图形对象格式**

商品显示框特效制作。

（1）插入"圆角矩形"：单击【插入】→【插图】→【形状】→【圆角矩形】。

（2）设置"圆角矩形"的大小：选定圆角矩形，单击鼠标右键，选择"其他布局选项"命令，打开"布局"对话框，在"布局"对话框中先取消"锁定纵横比"，再将图形的高度设为绝对值6.25厘米，宽度设为绝对值6.06厘米，如图4.42所示。

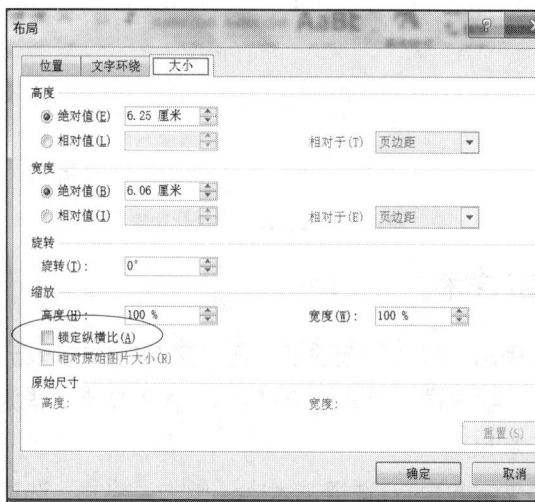

图4.42 "布局"对话框

（3）设置"圆角矩形"填充色：选中圆角矩形，在出现的绘图工具中，选择"形状样式"组中的【形状填充】→【其他填充颜色】，打开"颜色"对话框，如图4.43所示，设置其RGB颜色为253、252、196，并将圆角矩形的"线条颜色"设为"无线条"，效果如图4.44所示。

图4.43 "颜色"对话框

图4.44 圆角矩形设置效果

（4）再插入一个"圆角矩形"，将其高度设为绝对值 1.6 厘米，宽度设为绝对值 6.06 厘米，并将新圆角矩形按图 4.45 所示，设置为渐变填充色。

（5）复制设置了渐变填充色的圆角矩形，粘贴选项选为"图片"后，删除原渐变填充色圆角矩形。"图片"型渐变圆角矩形默认为"嵌入型"插入，通过【图片工具】→【自动换行】→【浮于文字上方】来改变插入方式，如图 4.46 所示。图片设置为"浮于文字上方"后即可随意移动图片。

（6）将"图片"型渐变圆角矩形移动到相应位置，利用"裁剪"工具对其进行裁剪，如图 4.47 所示。

图 4.45　圆角矩形渐变填充　　　　图 4.46　文字环绕　　　　图 4.47　图片裁剪

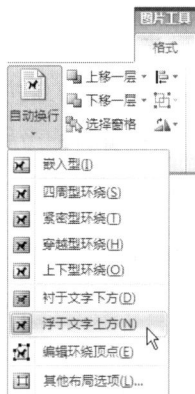

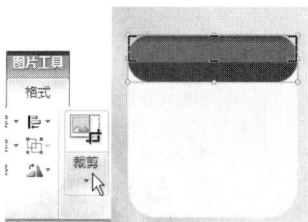

（7）在"图片"型渐变圆角矩形内插入文本框：通过【插入】→【文本】→【文本框】→【绘制文本框】，插入文本框。选中文本框后，将文本框中的"形状填充"设置为"无填充颜色"，"形状轮廓"设置为"无轮廓"，并按图设置相应的文本颜色、字体及字号后输入文本"华为 HW2700"。

（8）插入"爆炸型"形状：单击【插入】→【插入】→【星与旗帜】→【爆炸型 2】，并将"形状轮廓"设置为"无轮廓"，"形状填充"设置为黄色。

（9）在"爆炸型"形状内插入文本框，将文本框中设置为"无填充颜色""无轮廓"，输入"特价 1980 元"，设置文本颜色、字体及字号后，旋转文本框至相应角度，如图 4.48 所示。

（10）产品介绍栏制作完成后的效果如图 4.49 所示。完成产品介绍栏后，可通过选择所有图形，并右击菜单，选择【组合】→【组合】，将所有图形进行组合。组合完成后复制多份，拖放到如图 4.34 广告效果图所示的位置，即可完成其余的产品介绍栏。

图 4.48　旋转文本框效果

图 4.49　产品介绍栏

（11）插入图片。

①　在"插入"选项卡的"插图"组中单击"图片"按钮，在弹出的"插入图片"对话框中，选择"t1.jpg"，单击"插入"按钮即可。插入后图片的默认环绕方式为"嵌入型"，将其修改为"浮于文字上方"。单击"图片工具"的"调整"组中的"颜色"按钮，选择"设置透明色"命令，当鼠标光标变为 时，单击图片背景即可去除图片背景，如图 4.50 所示，将调整好的图片拖放到图 4.49 所示的产品介绍栏。完成后的效果如图 4.51 所示。

图 4.50　设置图片透明色

图 4.51　完成后的效果图

②　参照图 4.34，依次按上述方法在其余的产品介绍栏中插入相应的手机图片，并更改产品介绍栏的文字及价格。

③　插入"人物.jpg"图片后单击"图片工具"下方的"格式"按钮，在"调整"组中单击"删除背景"按钮，拖动四周的缩放点调整要保留的区域，如图 4.52 所示，单击"保留更改"按钮就可删除图片背景，然后将图片适当剪裁后拖放到图 4.34 所示的位置。

提示

① 不是所有的图片都可以通过"设置透明色"来删除背景的，当不能用"设置透明色"来删除背景时，可用上述操作来删除图片的背景。

② 移动图片：在用鼠标移动 Word 文档中的图片、自选图形或艺术字时，若要精确放置图形，可在选中要移动的图形后，用【Ctrl】键配合【→】【←】【↑】【↓】方向键来定位，或者用【Alt】键配合鼠标拖曳来完成。

③ 移动多个对象：Word 文档中有时会存在多个图片、自选图形、艺术字，若想让它们按照已有间距整版移动，可以先按住【Ctrl】键进行多选后再移动。

④ 组合后的图形，仍然可在选中其中的文本框后在其中输入文字。

图 4.52　删除图片背景

4.6.4　拓展实训

制作效果如图 4.53 所示的报纸，详见"WD36-2 报纸样张.pdf"。

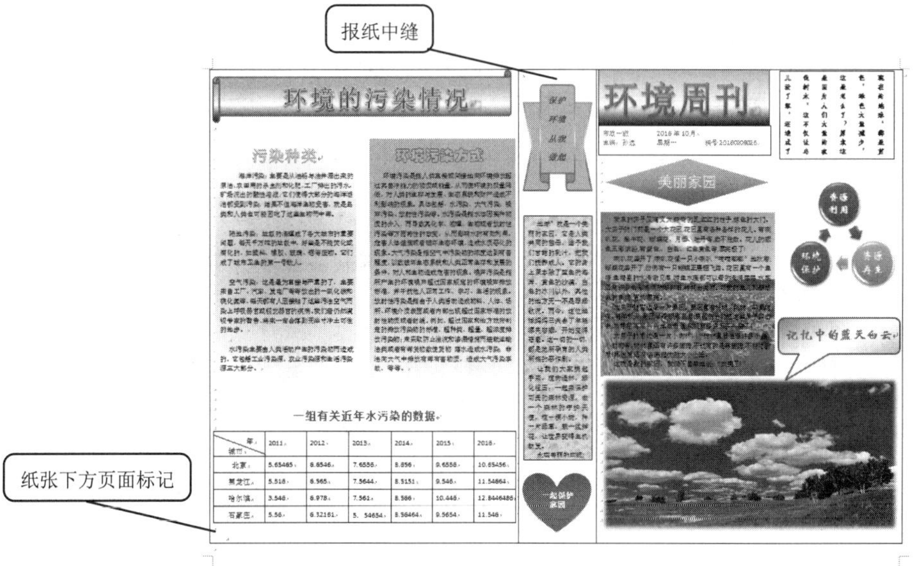

图 4.53　报纸效果图

任务要求

新建文档“报纸.docx”，将文件保存在作业文件夹中。对“报纸.docx”文档按要求完成下列操作。

（1）页面设置：设置纸张大小为 A3，页边距上、下、左、右均为 1.0 厘米，方向为横向。

（2）插入一个 3 列 1 行的表格（报纸的外边框是表格），并将表格的下边线拖至纸张下方页面标记处。

（3）报纸要有中缝，中缝要在表格的中间，宽度为 5 厘米。

（4）对照样张在表格相应的位置插入文本框（在文本框内输入文字）、图片、自选图形、艺术字、表格等，并适当地调整它们的大小和颜色（以美观为准）。

（5）报纸的版面布置要合理，色彩搭配要有美感，能令人赏心悦目，留下深刻印象。

4.7 任务七　排版毕业论文

使用 Word 2010 对长文档的格式进行排版，主要应掌握以下几个操作。

（1）设置各级文字的样式。

（2）设置各级文字的大纲级别。

（3）分隔符的应用。

（4）设置页眉和页脚。

（5）创建目录。

4.7.1 任务目标

打开素材文档“毕业论文.docx”，针对长文档的封面、目录、摘要、正文 4 个文档结构进行编制和排版，效果图如图 4.54 所示，详见“WD36-3 论文样张.pdf”。

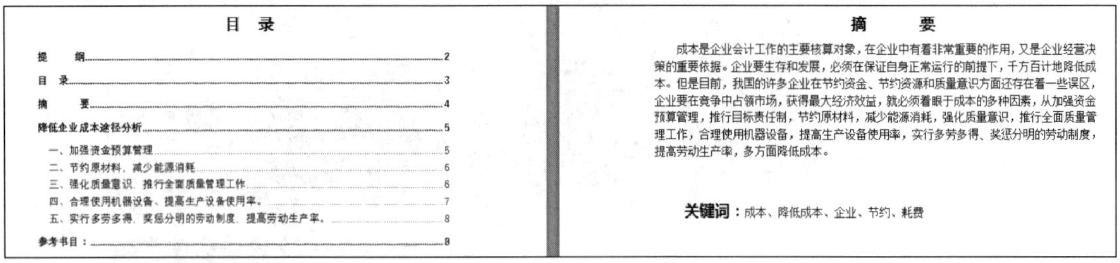
目　录

提　　纲……2
目　录……3
摘　　要……4
降低企业成本途径分析……5
一、加强资金预算管理……5
二、节约原材料，减少能源消耗……6
三、强化质量意识，推行全面质量管理工作……6
四、合理使用机器设备、提高生产设备使用率。……7
五、实行多劳多得，奖惩分明的劳动制度，提高劳动生产率。……8
参考书目：……8

摘　　要

成本是企业会计工作的主要核算对象，在企业中有着非常重要的作用，又是企业经营决策的重要依据。企业要生存和发展，必须在保证自身正常运行的前提下，千方百计地降低成本。但是目前，我国的许多企业在节约资金、节约资源和质量意识方面还存在着一些误区，企业要在竞争中占领市场，获得最大经济效益，就必须着眼于成本的多种因素，从加强资金预算管理，推行目标责任制，节约原材料，减少能源消耗，强化质量意识，推行全面质量管理工作，合理使用机器设备，提高生产设备使用率，实行多劳多得、奖惩分明的劳动制度，提高劳动生产率，多方面降低成本。

关键词：成本、降低成本、企业、节约、耗费

图 4.54　“毕业论文”文档效果

4.7.2 任务实施

（1）新建样式，设置一级标题字体格式，并对文档一级标题应用样式。

（2）新建样式，设置二级标题字体格式，并对文档二级标题应用样式。

（3）新建样式，设置正文字体格式，并对文档正文应用样式。

（4）使用大纲视图查看文档结构，并设置各级文字的大纲级别。

（5）分别在文档结构中每个部分的前面插入分隔符。

（6）为文档结构每个部分（共 4 个部分）设置各自的页眉和页脚，要求如下：

- 封面（无页眉，无页码）；
- 目录（无页眉，无页码）；
- 摘要（页眉为"摘要"，无页码）；
- 正文（页眉显示论文标题，页码居中且格式为：1、2、3、……）。

（7）提取目录，设置 "格式"为"正式"。

4.7.3　相关操作与知识

★ 核心知识 1：设置文档格式

毕业论文在初步完成后需要为其设置相关的文本格式，使其结构分明，其具体操作如下。

STEP 1 将插入点定位到"正文"文本中，打开"样式"任务窗格，单击"新建样式"按钮。

STEP 2 在打开的"新建样式"对话框中设置样式，设置样式名称为"一级标题"，字体格式为"黑体、三号、加粗"，设置段落样式为"居中对齐"，段前段后均为"0 行"，2 倍行距，如图 4.55 所示。

STEP 3 通过应用样式的方法为其他一级标题应用样式，效果如图 4.56 所示。

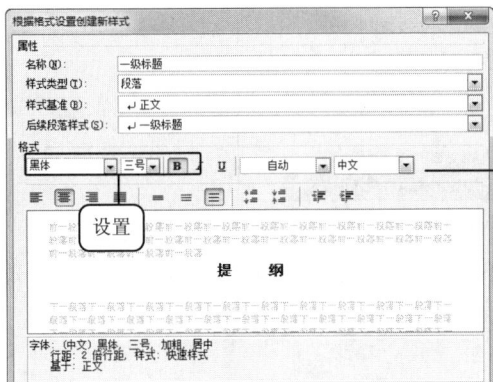

图 4.55　创建样式

图 4.56　应用样式

STEP 4 使用相同的方法设置二级标题格式，设置字体格式为"微软雅黑、四号、加粗"，设置段落格式为"左对齐、1.5 倍行距"，大纲级别为"二级"。

STEP 5 设置正文格式，中文为"宋体"，西文为"Times New Roman"，字号为"五号"，首行统一缩进"2 个字符"，设置正文行距为"1.2 倍行距"，大纲级别为"正文文本"。完成后为文档应用相关的样式即可。

★ **核心知识 2：使用大纲视图**

大纲视图适用于长文档中文本级别较多的情况，以便查看和调整文档结构，其具体操作如下。

STEP 1 在【视图】→【文档视图】组中单击 ▣ 大纲视图 按钮，将视图模式切换到大纲视图，在【大纲】→【大纲工具】组中的"显示级别"下拉列表中选择"2 级"选项。

STEP 2 查看所有 2 级标题文本后，双击"系统功能模块设计"文本段落左侧的 ⊕ 标记，可展开下面的内容，如图 4.57 所示。

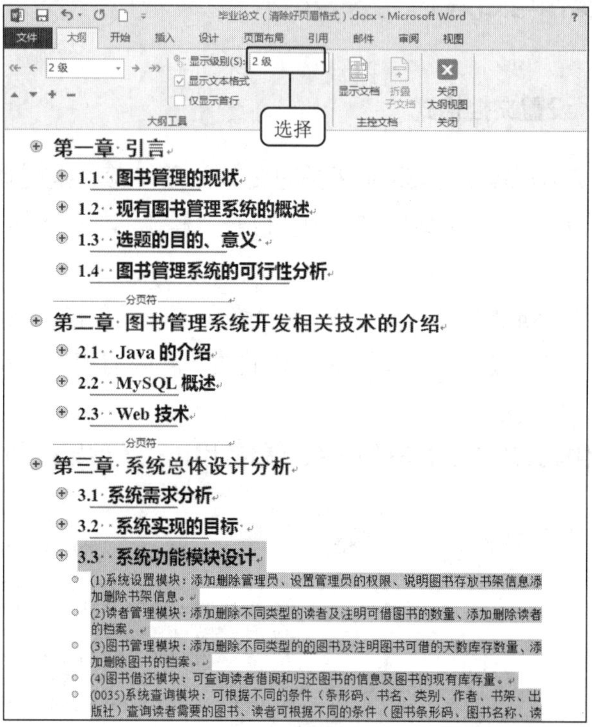

图 4.57 使用大纲视图

STEP 3 设置完成后，在【大纲】→【关闭】组中单击"关闭大纲视图"按钮 ✕，或在【视图】→【文档视图】组中单击"页面视图"按钮 ▤，返回页面视图模式。

★ **核心知识 3：插入分隔符**

分隔符主要用于标识文字分隔的位置，其具体操作如下。

STEP 1 将插入点定位到文本"摘要"之前，在【页面布局】→【页面设置】组中单击"分隔符"按钮 ⊟，在打开的下拉列表中的"分节符"栏中选择"下一页"选项。

STEP 2 在插入点所在位置插入分节符，此时，"摘要"的内容将从下一页开始，并且"摘要"部分成为文档结构的第三节，空白页所在第二节则用于生成"目录"，如图 4.58 所示。其他部分做同样的操作以实现部分分页显示。

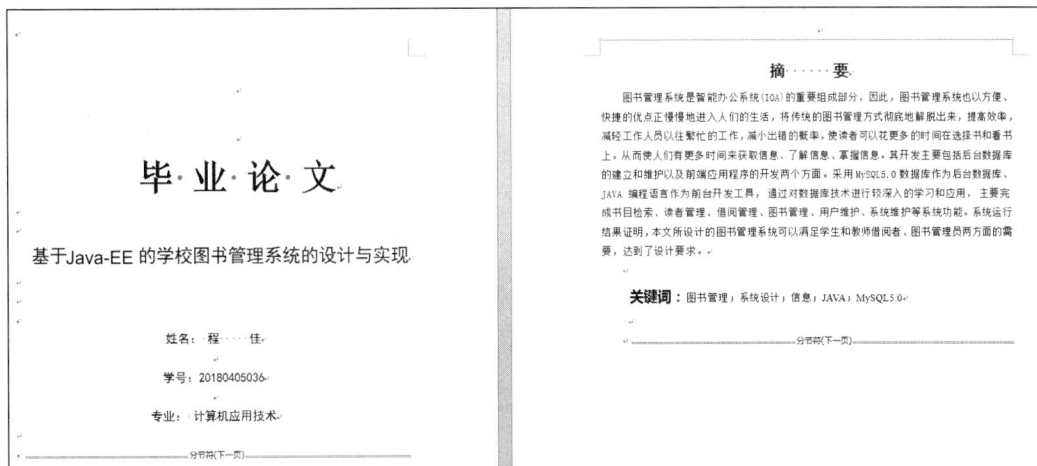

图 4.58　插入分节符后的效果

STEP 3 将插入点定位到正文部分的"第二章"之前，在【页面布局】→【页面设置】组中单击"分隔符"按钮，在打开的下拉列表中的"分页符"栏中选择"分页符"选项。

STEP 4 在插入点所在位置插入分页符，此时，"第二章"的内容将从下一页开始，如图 4.59 所示。其他章节部分做同样的操作以实现各章内容分页显示。

图 4.59　插入分页符后的效果

◎相关知识：

常用分隔符有分页符和分节符：

（1）分页符。当文本或图形等内容填满一页时，Word 会插入一个自动分页符并开始新的一页。如果要在某个特定位置强制分页，可插入"手动"分页符，这样可以确保章节标题总在新的一页开始。

（2）分节符。节是文档的一部分。插入分节符之前，Word 将整篇文档视为一节。在需要改变行号、分栏数或页面页脚、页边距等特性时，需要创建新的节。

如果文档中的编辑标记并未显示，可在【开始】→【段落】组中单击"显示/隐藏编辑标记"按钮 ，使该按钮呈选中状态，此时隐藏的编辑标记将显示出来。

★ **核心知识 4：设置页眉和页脚**

为了使页面更美观，便于阅读，许多文档都添加了页眉和页脚。在编辑文档时，可在页眉和页脚中插入文本或图形，如页码、公司徽标、日期和作者名等，其具体操作如下。

STEP 1 将插入点定为在"摘要"部分，在文档顶端"页眉"双击进入页眉编辑状态，在【页眉和页脚工具-设计】/【选项】组中单击选中【首页不同】复选框，再在【页眉页脚工具-设计】/【导航】组中单击【链接到前一条页眉】按钮以取消本节和上一节页眉的链接关系，然后在页眉中输入"摘要"文本，并设置格式为"宋体、五号"，如图 4.60 所示。

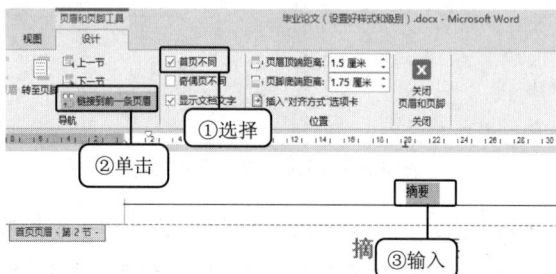

图 4.60 设置页眉

STEP 2 使用上述方法设置"正文"部分的页眉，在正文的页眉中输入论文标题文本"基于 JAVA-EE 的学校图书管理系统的设计与实现"，并设置格式为"宋体、五号"，如图 4.61 所示。

图 4.61 设置"正文"部分页眉效果

STEP 3 在【页眉页脚工具-设计】/【导航】组中单击 转至页脚 按钮，插入点自动插入到页脚区，并在【页眉页脚工具-设计】/【导航】组中单击【链接到前一条页眉】按钮以取消本节和上一节页脚的链接关系，然后在【页眉页脚工具-设计】/【页眉和页脚】组中单

击 页码 按钮，在打开的下拉列表中选择在"当前位置"插入"普通数字"选项，如图 4.62
所示。

图 4.62　插入页码

STEP 4 在【页眉页脚工具-设计】/【页眉和页脚】组中单击 页码 按钮，在打开的下拉
列表中选择在"设置页码格式"选项，在弹出的"页码格式"对话框中设置"编号格式"
为"1、2、3……"，设置"页码编号"为"起始页码：1"，如图 4.63 所示。然后在【页
眉页脚工具-设计】/【关闭】组中单击"关闭页眉和页脚"按钮 退出页眉和页脚视图。

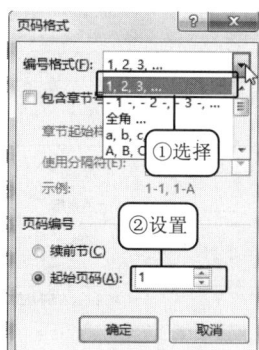

图 4.63　设置页码格式

STEP 5 返回文档中，可看到设置页眉和页脚后的效果，此时发现页眉中多了一条横线，
双击进入页眉页脚视图，拖动鼠标选择段落标记，在【开始】/【段落】组，单击"边框"
按钮 右侧的下拉按钮，在打开的下拉列表中选择"边框和底纹"选项，打开"边框和
底纹"对话框，撤销其中的表格边框线，单击 确定 按钮，可删除页眉处多余的横线，完
成后的效果如图 4.64 所示。

STEP 6 使用相同的方法删除首页中的横线，完成页眉页脚的设置。

★ **核心知识 5：创建目录**

对于设置了多级标题样式的文档，可通过索引和目录功能提取目录，其具体操作如下。

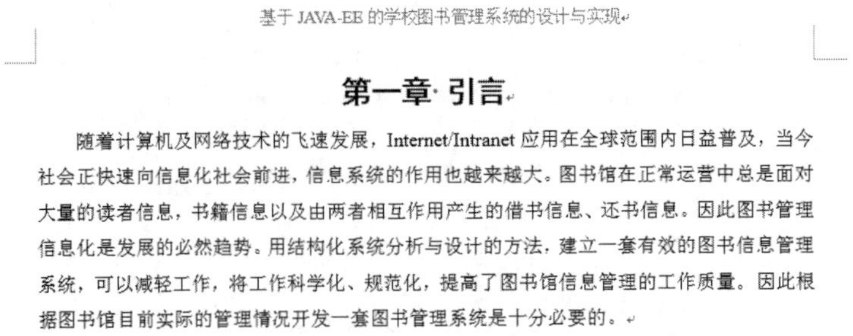

基于 JAVA-EE 的学校图书管理系统的设计与实现

第一章·引言

随着计算机及网络技术的飞速发展，Internet/Intranet 应用在全球范围内日益普及，当今社会正快速向信息化社会前进，信息系统的作用也越来越大。图书馆在正常运营中总是面对大量的读者信息，书籍信息以及由两者相互作用产生的借书信息、还书信息。因此图书管理信息化是发展的必然趋势。用结构化系统分析与设计的方法，建立一套有效的图书信息管理系统，可以减轻工作，将工作科学化、规范化，提高了图书馆信息管理的工作质量。因此根据图书馆目前实际的管理情况开发一套图书管理系统是十分必要的。

图 4.64　删除页眉处多余的横线

STEP 1　在文档结构中的第二节"分节符前方"定位插入点，在该空白页面第一行输入"目录"，并设置"黑体，小三，加粗，字间距加宽 5 磅"。

STEP 2　将插入点定位于第二行左侧，在【引用】→【目录】组中单击"目录"按钮，在打开的下拉列表中选择"插入目录"选项，打开"目录"对话框，单击"目录"选项卡，在"制表符前导符"下拉列表中选择第二个选项，在"格式"下拉列表框中选择"正式"选项，在"显示级别"数值框中输入"2"，选中"使用超链接而不使用页码"复选框，单击 确定 按钮，如图 4.65 所示。

图 4.65　"目录"对话框

STEP 3　返回文档编辑区即可查看插入的目录，效果如图 4.66 所示。

STEP 4　如若在文档中做了内容更新，编辑完成后需返回目录，在目录编辑的快捷菜单中选择 "更新域"，完成最新目录内容及页码信息的更新，如图 4.67 所示。

目 录

图 4.66　插入目录效果

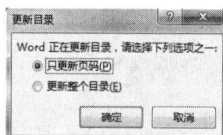

图 4.67　更新目录

第5章
电子表格软件Excel 2010

05

课前导读：

Office 2010办公软件中的 Excel，是一款优秀的电子表格处理软件，利用它不仅可以完成日常工作、生活中遇到的表格数据计算、统计分析和汇总等，还可以使用图表的形式进行直观显示，并且可以按照实际需要将表格打印出来。

任务描述：

【任务情景一】期末考试后，班主任让各学习小组组长利用 Excel 制作一份本小组同学的成绩表，要求表格中包括成绩单名称、编号、学号、姓名、课程名称、各科成绩，并且需要对本小组各科成绩情况进行汇总、最高分、最低分、平均分、排名等相关的统计，并对不合格情况进行特殊显示处理。小黄作为某小组的组长在取得各位学生的成绩单后，利用 Excel 2010 进行表格的数据录入、统计和分析，同时，还以图形的方式显示分析数据情况，以便班主任查看数据。

【任务情景二】某学校教学秘书小陈需要将本学期各公共课程的考核成绩情况按照系别进行分类统计分析，同时，还需要筛选出各科目不合格的学生成绩记录，以便尽快安排各科目的补考。

任务分析：

※ 理解工作簿、工作表和单元格的概念

※ 掌握 Excel 2010 的基本操作

※ 掌握数据录入与编辑的方法

※ 掌握格式化工作表的设置方法

※ 掌握公式的编辑与常用函数的使用

※ 掌握数据图表化的设置方法

※ 掌握排序、分类汇总和筛选等常用数据分析技巧

※ 掌握工作表的页面设置

5.1 任务一 初识 Excel 2010

5.1.1 Excel 2010 的启动

与 Word 软件的启动方法类似，用户可以通过以下几种方法启动 Excel 2010。

方法一：使用【开始】菜单启动。单击【开始】→【所有程序】→【Microsoft Office】
→【Microsoft Excel 2010】，即可启动 Excel 2010。

方法二：使用"桌面"上的 Excel 2010 快捷方式启动。方法是双击其快捷图标。

方法三：打开本机中已存在的 Excel 文档启动。方法是双击已存在的 Excel 文档。

方法四：单击【开始】→【运行】，在文本框中输入"Excel"命令，单击"确定"按
钮，也能启动 Excel。

5.1.2　Excel 2010 的工作界面

Excel 2010 的工作界面由标题栏、快速访问工具栏、菜单选项区、菜单功能区、编辑
栏、工作区、状态栏、滚动条、名称框、对话框启动按钮、视图按钮、显示比例拖动条和
工作表标签等组成，如图 5.1 所示。

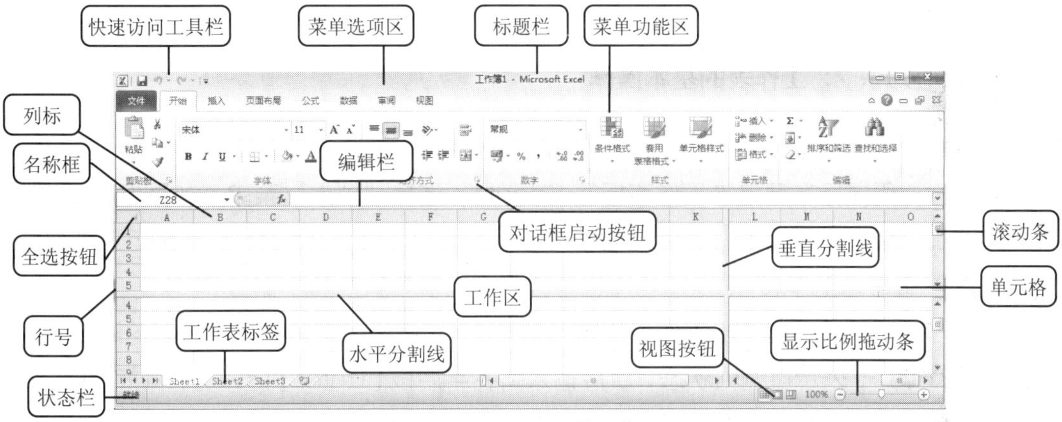

图 5.1　Excel 2010 的工作界面

其中，工作区是用于编辑数据的区域，包括全选按钮、行号、列标、单元格、水平分
割线（拆分窗口后显示）、垂直分割线（拆分窗口后显示）等。

5.2　任务二　掌握工作簿与工作表的概念及基本操作

5.2.1　任务目标

在 Excel 2010 工作簿与工作表的基本操作中，主要应掌握以下内容。

（1）工作簿的新建。

（2）工作簿的保存与退出。

（3）工作表的插入（新增）、删除、重命名、移动和复制。

5.2.2　任务实施

（1）新建工作簿。
（2）工作表的插入（新增）、删除、重命名、移动和复制。
（3）工作簿的保存、退出和打开。

5.2.3　相关操作与知识

★ 核心知识 1：新建工作簿

启动 Excel 2010 时系统会自动创建一个空白工作簿。若要新建其他工作簿，可执行
【文件】→【新建】→【空白工作簿】操作，完成新文档的创建，也可以使用【Ctrl+N】组
合键直接创建一个空白工作簿。

★ 核心知识 2：工作表的基本操作

STEP 1 插入工作表。
　　方法一：用鼠标右键单击工作表标签 Sheet1，选择"插入"菜单，如图 5.2 所示。
　　方法二：单击【开始】→【单元格】→【插入】→【插入工作表】，如图 5.3 所示。
STEP 2 重命名工作表。
　　方法一：用鼠标右键单击工作表标签 Sheet1 ，选择"重命名"菜单，这时 Sheet1
是黑色 Sheet1 ，表示可编辑状态，直接输入新名字后按【Enter】键即可，例如 成绩表 。
　　方法二：双击工作表标签名 Sheet1，当工作表标签 Sheet1 变成黑色可编辑状态，
直接输入新名字后按【Enter】键即可，如图 5.4 所示。

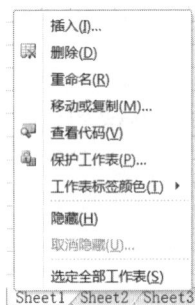

图 5.2　工作表右键快捷菜单　　　　图 5.3　插入工作表　　　　图 5.4　重命名工作表

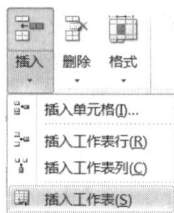

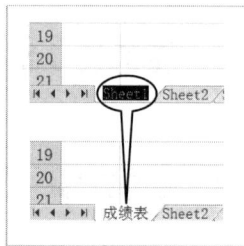

STEP 3 移动或复制工作表。
　　当一个工作簿有多个工作表，例如成绩表、学生联系表、宿舍分配表、值日表等，需
要移动或者复制工作表时，可以使用如下两种简便方法。

方法一：用鼠标拖动工作表标签进行移动；如果按住【Ctrl】键不放的同时用鼠标拖动工作表标签表示复制。

方法二：用鼠标右键单击工作表标签，选择"移动或复制"菜单，出现如图 5.5 所示的对话框，选择移动位置，如果勾选了"建立副本"复选框，则表示复制。

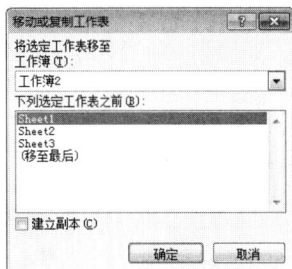

STEP 4 删除工作表。

用鼠标右键单击工作表标签，选择"删除"菜单即可。

图 5.5 "移动或复制工作表"对话框

★ **核心知识 3：工作簿的保存、退出和打开**

STEP 1

① 保存方法。单击【文件】→【保存】，若为初次保存本文档，需要输入文件名并选择存储位置，单击"保存"按钮即可，如图 5.6 所示。若不是初次保存，系统不提示输入文件名和选择位置，直接以原来的文件名和原来位置存储。

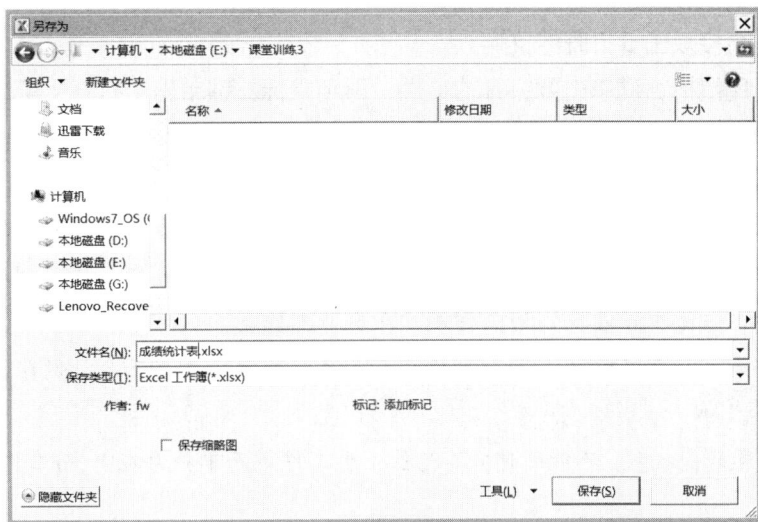

图 5.6 "另存为"对话框

也可以单击工具栏的"保存"按钮实现保存，或者使用【Ctrl+S】组合键保存。

② 退出方法：单击【文件】→【退出】，或单击窗口右上角的"×"（关闭按钮），还可以使用【Alt+F4】组合键完成退出。

执行【文件】→【关闭】操作，表示只关闭当前工作簿文件而不退出 Excel 2010，对应的组合键是【Ctrl+F4】。

STEP 2 工作簿文件的打开。打开工作簿的方法有如下 4 种。

方法一：执行【文件】→【打开】操作，选择文件位置和文件名，单击"打开"按钮，如图 5.7 所示。

图 5.7 "打开"对话框

方法二：使用【Ctrl+O】组合键打开"打开"对话框，如图 5.7 所示，在对话框中选择要打开的文件。

方法三：直接双击要打开的文件。

方法四：用鼠标右键单击要打开的文件，再用鼠标左键单击"打开"菜单项。

◎相关知识：

工作簿与工作表的基本概念如下。

（1）工作簿是计算和存储工作数据的文件，每个工作簿中最多容纳 255 个工作表。

（2）工作表是存储数据和分析、处理数据的表格，由 65536 行和 256 列所组成。活动工作表是指在工作簿中正在操作的工作表，即当前工作表。

（3）工作表从属于工作簿，一个工作簿有多个工作表。相当于会计做账用的一个账本有多张纸一样。

（4）工作表只能插入，不能新建（不能独立于工作簿而单独存在）；而工作簿只能新建，不能插入。

（5）在一张工作表中，用来显示工作表名称的就是工作表标签。

5.3 任务三　制作学习小组成绩统计表

5.3.1　任务目标

（1）能够在工作表中进行不同类型数据的输入。

（2）掌握单元格、行、列的插入、删除、移动和复制。

（3）掌握单元格合并后居中。

（4）插入、删除、移动行、列或单元格，效果如图 5.8 所示。

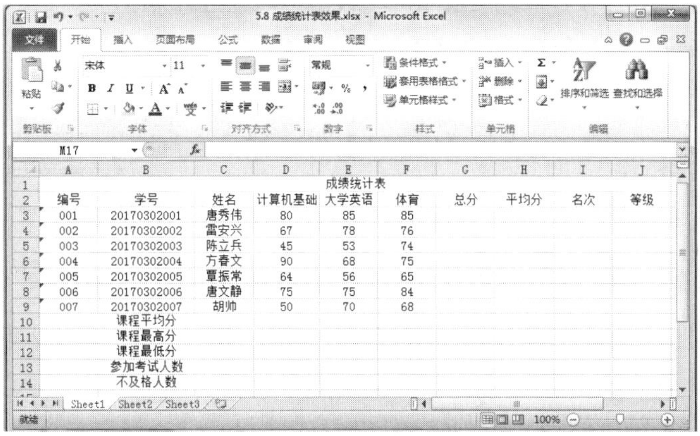

图 5.8　成绩统计表效果图

5.3.2　任务实施

（1）选择单元格，输入基本数据。

（2）以数字"0"开头的编号，要将单元格设置为文本型，再输入 001、002 等数据。

（3）使用 Excel 的自动填充功能填充有规律的学号字段数据。

（4）选择 A1 到 J1 单元格，然后单击"开始"菜单下的 合并后居中 按钮，输入标题"成绩统计表"。

（5）在 007 号记录下面插入一行数据，编号为 008，输入自己的学号和姓名，并自行录入各门课成绩。

5.3.3　相关操作与知识

★ 核心知识 1：选定工作表的操作

单击 A2 单元格，该单元格以黑色外边框显示，即表示已选中。随后即可输入"编号"。其他基本数据以类似方法输入。

◎相关知识：

（1）选择单个单元格：用鼠标单击即表示已选中。此外，还可以使用键盘上的方向键选择当前单元格的上、下、左、右单元格。

（2）选择相邻的单元格区域：一种方法是用鼠标从第一个单元格拖拽到最后一个单元格，即表示选择这片连续的单元格区域；还有一种方法是单击第一个单元格后按住【Shift】键，再单击最后一个单元格。

（3）选择不相邻的多个单元格或单元格区域：首先利用前面的方法选择一个单元格或

者单元格区域，然后按住【Ctrl】键的同时再选择其他单元格或单元格区域。

（4）选择整行：单击每行最左边标有 1、2、3…的行号即可。

（5）选择整列：单击每列最上边标有 A、B、C…的列标即可。

（6）选择整个工作表：单击工作表左上角行号与列表交叉处的"全选按钮" ，或者按【Ctrl+A】组合键。

选择整行、整列或整个工作表，如图 5.9 所示。

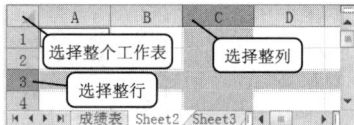

图 5.9　选择整行、整列或整个工作表

★ 核心知识 2：工作表数据输入

STEP 1 在 A1:A9 的区域内输入编号 001、002 等数据时，先输入英文单引号，再输入 001、002 等，也可以先设置该列单元格为文本格式，再输入 001、002 等数据。

STEP 2 选择 A1 到 J1 连续单元格，单击"开始"菜单的"合并后居中"按钮 合并后居中 ▾，输入"成绩统计表"。

用同样的方法，选择 A10 到 C10 单元格，合并后居中，输入"课程平均分"。

选择 A11 到 C11 单元格，合并后居中，输入"课程最高分"……

STEP 3 输入学号。因为学号字段的数据是一组有递增规律的序列，可以使用 Excel 的填充功能。先在 B3 中输入"20170302001"，B4 中输入"20170302002"，再选择 B3 和 B4，鼠标放在右下角出现如图 5.10 所示的十字加号，称之为"填充句柄"，向下拖动则产生序列，Excel 即自动根据前两项的递增关系进行计算并填充。此外，还可以使用如图 5.11 所示的"填充"菜单的"系列"实现数据填充。

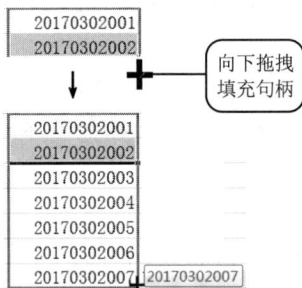

图 5.10　鼠标拖拽填充句柄产生序列

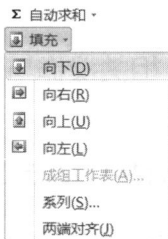

图 5.11　填充菜单

STEP 4 在工作表 A10:F10 单元格区域内依次输入"编号、学号、姓名、计算机基础、大学英语、体育"等信息。其中，"编号"为"008"，"学号"为学生自己的学号，"姓名"为学生自己的姓名，其余数据信息自定义。

◎相关知识：

1. Excel 的数据类型

Excel 能够接受的数据类型可以分为文本（或称字符、文字）、数字（值）、日期和时间、公式与函数等。

文本型数据可以是字母、汉字、数字、空格和其他字符，也可以是它们的组合。在默认状态下，所有文本型数据在单元格中均左对齐，数字输入时右对齐。

2. Excel 的数据输入

① 文本输入：在当前单元格中，文字如字母、汉字等一般直接输入即可。

② 数字输入：如果把数字作为文本输入（如身份证号码、电话号码、以 0 开头的数字等），应先输入一个半角字符的单引号 "'"，再输入相应的字符。

③ 日期的输入：日期的输入可以使用斜杠 "/" 或 "-" 对输入的年、月、日进行间隔，如输入 "2012-6-12" "2012/6/12" 均表示 "2012 年 6 月 12 日"。日期在工作表中的显示格式如果没有进行设置，则会使用系统默认的日期格式，可以根据需要通过右击弹出的快捷菜单，选择 "设置单元格格式" 命令，打开 "设置单元格格式" 对话框，在 "数字" 选项卡中进行格式设置。如果输入了两个数字，如输入 "8/9" 或 "8-9"，则系统默认的是月和日，即 "8 月 9 日"。如果要输入当天的日期，可按【Ctrl+; 】组合键。

④ 时间的输入：输入时间时，时、分、秒之间用 ":" 隔开。如果要输入当前的时间，可按【Ctrl+Shift+; 】组合键。

⑤ 分数的输入：输入分数时，应在分数前冠以 0 加一个空格，如输入 "0 2/5" 表示分数 2/5，如直接输入 "2/5" "02/5" 则会显示为日期 2 月 5 日。

⑥ 如果单元格中的数字被 "#####" 代替，说明单元格的宽度不够，增加单元格的宽度即可。

⑦ 相同数据的输入：在多个单元格中输入相同的数据时，先选择区域，然后在第一个单元格输入数据后按【Ctrl+Enter】键即可。

⑧ 填充输入：利用 Excel 的填充功能可以输入有规律的数据。例如等差数列、等比数列、日期、星期等。

★ 核心知识 3：追加、移动和删除数据

STEP 1 插入新的一行。用鼠标右键单击工作表的编号 007 左侧的行号，在弹出的快捷菜单中选择 "插入" 命令，输入需要追加的数据，即可完成插入一行记录。同理，可以删除整行数据。

STEP 2 移动数据。选择单元格区域 A9:J9，在选择的区域上右击，在弹出的快捷菜单中选择 "剪切" 命令，该数据区域出现蚂蚁线外框，用右键单击 A11 单元格，在弹出的快捷菜单中选择 "插入剪切的单元格" 命令，即可实现移动。

拓展：可以试着拖动被选择数据的外边黑框（当鼠标变成 ✛ 时）进行移动。如果需要复制，则在拖动过程中按住【Ctrl】键。

STEP 3 删除数据。如需删除单元格中的数据，在选择单元格之后按【Delete】键；如需删除整个单元格，则需选择单元格，右击所选单元格，在弹出的快捷菜单中选择 "删除" 命令，Excel 出现如图 5.12 所示的提示，用户可以根据需要选择右侧单元格左移来

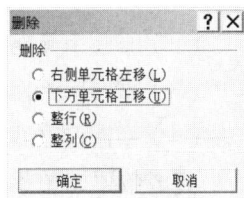

图 5.12　删除单元格

填补被删除的地方，或者选择其他方案。

5.3.4 拓展实训

任务要求

新建一个工作簿，命名为"国美电器销售统计表.xlsx"，输入数据，并进行相应的单元格合并，效果如图5.13所示。

	A	B	C	D	E	F	G	H	I	J	K
1				国美电器销售统计表							
2	产品名称	种类	时段	销量（台）	单价（元）	销售额	利润	按销售额排名	按利润排名		
3	创维52寸智能云电视	电视机	上半年度	890	5600						
4	海信50寸高清电视	电视机	上半年度	1326	4800						
5	TCL56寸曲面电视	电视机	上半年度	11052	4900						
6	康佳4K超清智能电视	电视机	上半年度	12320	4600						
7	夏新42寸LED智能网络电视	电视机	上半年度	3509	3100						
8	海尔冰箱	冰箱	上半年度	26390	2800						
9	美的冰箱	冰箱	上半年度	910	2500						
10	容声冰箱	冰箱	上半年度	3070	2300						
11	西门子冰箱	冰箱	上半年度	6802	3300						
12	晶弘冰箱	冰箱	上半年度	1140	2600						
13	小天鹅全自动洗衣机	洗衣机	上半年度	15301	1500						
14	荣事达全自动洗衣机	洗衣机	上半年度	699	1200						
15	小鸭全自动洗衣机	洗衣机	上半年度	2366	999						
16	松下全自动洗衣机	洗衣机	上半年度	1891	1400						
17	创维52寸智能云电视	电视机	下半年度	1790	5100						
18	海信50寸高清电视	电视机	下半年度	3261	4700						
31											
32	电视机最高销量(以半年度为单位)：				电视机平均销量(以半年度为单位)：						
33	冰箱最高销量(以半年度为单位)：				冰箱平均销量(以半年度为单位)：						
34	洗衣机最高销量(以半年度为单位)：				洗衣机平均销量(以半年度为单位)：						
35											
36	备注：销售额=销量*单价										
37	如果销量在1000台以下，利润为销售额的5%，销量在1000~10000台之间，利润为销售额的8%，销量在10000台以上，利润为销售额的10%。										

图5.13 国美电器销售统计表效果图

5.4 任务四 美化学习小组成绩统计表

5.4.1 任务目标

在Excel 2010表格制作中，主要应掌握以下几个操作。

（1）掌握字符、文字等的格式化。

（2）掌握单元格的格式化。

（3）掌握单元格条件格式的设置。

（4）掌握边框底纹和行高列宽的设置。

完成效果如图5.14所示。

成绩统计表									
编号	学号	姓名	计算机基础	大学英语	体育	总分	平均分	名次	等级
001	20170302001	唐秀伟	80	85	85				
002	20170302002	雷安兴	67	78	76				
003	20170302003	陈立兵	45	53	74				
004	20170302004	方春文	90	68	75				
005	20170302005	覃振常	64	56	65				
006	20170302006	唐文静	75	75	84				
007	20170302007	胡帅	50	70	68				
008	自己学号	自己名字	66	58	35				
课程平均分									
课程最高分									
课程最低分									
参加考试人数									
不及格人数									

图 5.14　美化工作表效果图

5.4.2　任务实施

（1）选择标题单元格，设置字体、字号。

（2）选择标题行，设置字体、字号，居中对齐，单元格内容垂直居中，自动换行。

（3）选择 3~15 行，设置字体、字号，居中对齐。

（4）设置黑色双线外边框，黑色细线内框线。

（5）标题行设置"橙色，强调文字颜色 6，淡色 40%"填充色。

（6）选择成绩区域，设置条件格式为<60 分为红色文本显示。

（7）调整合适的行高和列宽。

5.4.3　相关操作与知识

★ 核心知识 1：设置工作表字符格式

STEP 1 在 Excel 中设置字体、字号、对齐方式等操作与在 Word 中的设置相似。

选中 A1 单元格，在"开始"选项卡"字体"组中选择"字体"为"楷体"，"字号"为"16"，如图 5.15（a）所示，效果如图 5.15（b）所示。

（a）

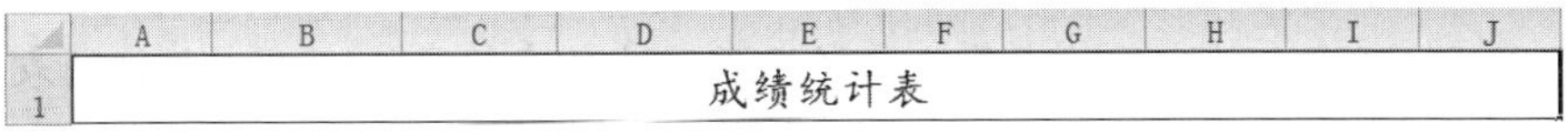

（b）

图 5.15　设置字体、字号

STEP 2 设置对齐方式。选中 A2:J2 单元格区域（标题行），在"开始"选项卡"对齐方式"组中选择"居中"按钮，注意图 5.16 中 1 和 2 这两个按钮的区别，一个是水平、垂直都居中，一个是水平居中（与 Word 中的居中类似）。

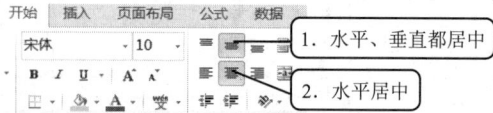

图 5.16　设置对齐方式

◎相关知识：

如果某单元格内字符串太长，需要换行显示，不能像 Word 那样在需要换行的地方按【Enter】键，这是不起作用的。需要自动换行，在单元格上右击，选择"设置单元格格式"命令，出现图 5.17 所示的对话框，勾选"自动换行"复选框，或在需要自动换行的地方使用【Alt+Enter】组合键。

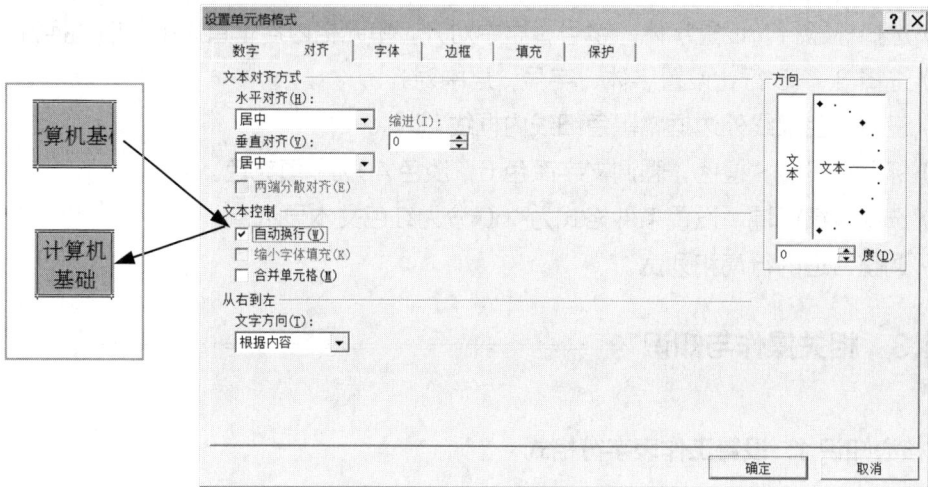

图 5.17　"设置单元格格式"对话框

★ **核心知识 2：设置工作表数字格式**

选择学号列，单击"开始"选项卡"数字"组的"数字格式"下拉列表，选择"文本"选项，并将该列加宽，如图 5.18 所示。

◎相关知识：

Excel 提供了多种数字格式，如数值格式、小数位数、分数、百分比、货币格式、日期格式、百分百格式、会计专用格式等，灵活运用这些数字格式，可以使制作的表格更加专业和规范，具体操作可以参考图 5.18 中"数字格式"下拉列表中的类型进行设置。

如果需要详细设置数字格式，单击"开始"选项卡"数字"组右下角的对话框启动按钮，弹出如图 5.19 所示的对话框，可以进行更详细的设置，例如数字样式及小数位数。

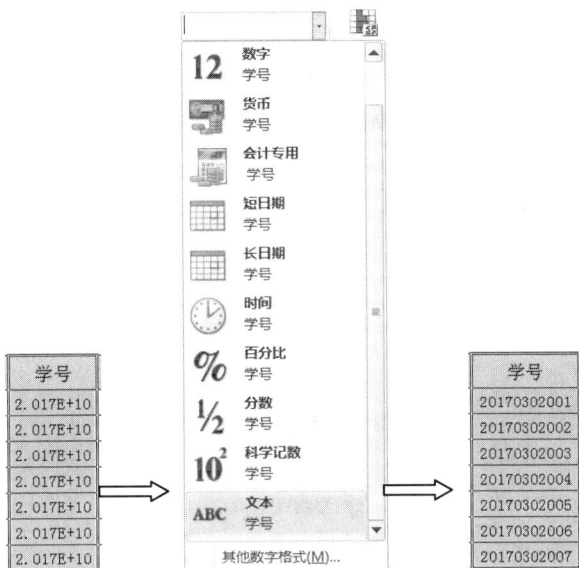

图 5.18　设置数字格式

图 5.19　"设置单元格格式"对话框

★ 核心知识 3：设置单元格区域的边框和底纹

STEP 1 设置边框。选择要添加边框的单元格区域，例如整个数据区域，单击"开始"选项卡"字体"组中"边框"按钮右侧的下拉按钮进行线型、颜色等的设置。可以按照如图 5.20 所示的顺序先选择"所有框线"，设置为细线，再选择"外侧框线"，设置为双线。

◎相关知识：

在 Excel 工作表中，虽然从屏幕上看每个单元格都有浅灰色的框线，但实际打印时不会出现任何线条。如需打印出框线，可以为表格添加边框。此外，还可以为单元格添加底纹，以衬托或强调这些单元格中的数据。

STEP 2 设置填充颜色。选择要填充颜色的单元格区域，这里选择标题行 A2:J2，单击"开始"选项卡"字体"组中的"填充颜色"按钮🎨▪即可设置底纹，如需更改颜色，单击该按钮右侧下拉按钮以选择颜色。例如选择"橙色，强调文字颜色 6，淡色 40%"，如图 5.21 所示。

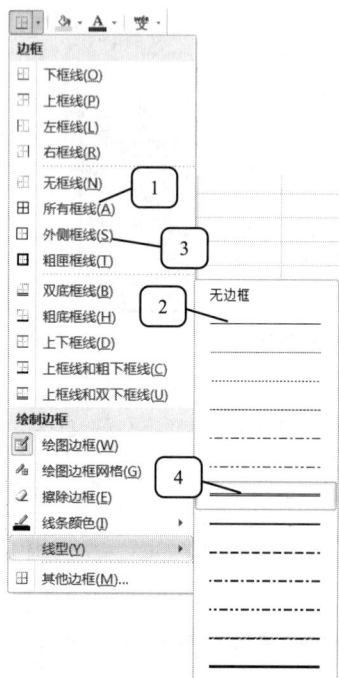

图 5.20 为表格设置边框

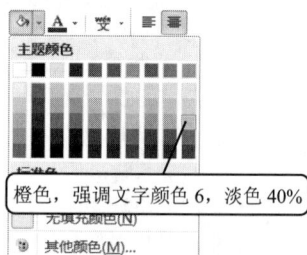

图 5.21 为表格填充颜色

◎相关知识：

用鼠标右键单击单元格可以调出"设置单元格格式"菜单，利用"设置单元格格式"对话框的"填充"选项卡可为所选单元格区域设置更多的底纹效果，如渐变背景、图案背景等。

★ **核心知识 4：设置条件格式**

为了突出某些满足特定条件的单元格以醒目方式显示，例如不及格的成绩、销售业绩低于平均值的销量，可以使用条件格式，其操作方法如下。

选择 D3:F10 成绩区域。单击"开始"选项卡上"样式"组中的"条件格式"按钮，在展开的列表中选择"突出显示单元格规则"，再在展开的子列表中选择一种条件，如"小于"，如图 5.22 所示。在如图 5.23 所示的对话框中进行相应的设置。如果选择"自定义格式"，例如把不及格（小于 60）的以粉底红色文字显示，则按照图 5.24 所示的对话框进行设置，字体颜色设置为红色，填充粉色背景色。

图 5.22　条件格式

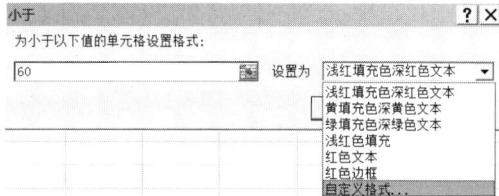

图 5.23　条件格式对话框

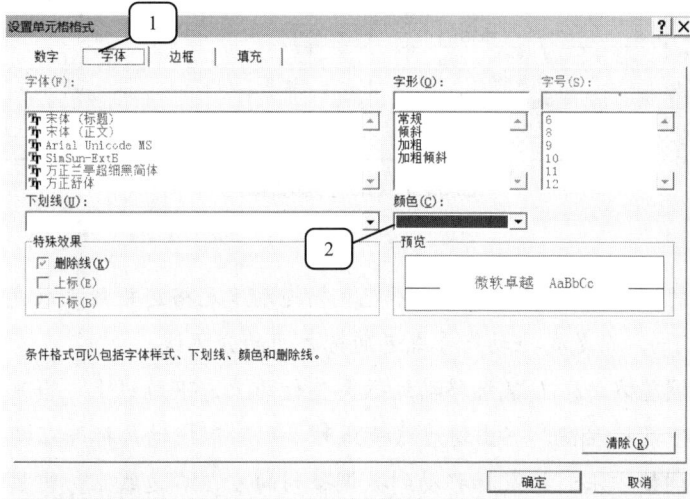

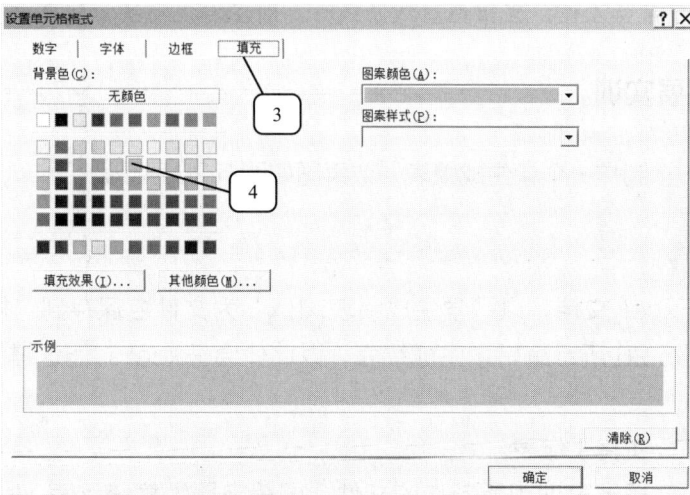

图 5.24　条件格式的自定义格式对话框

★ **核心知识5：设置行高和列宽**

将鼠标移至要调整行高的行号与下面行号分割线处，待指针变成 ÷ 时，按住鼠标左键上下拖动（此时旁边出现当前行高值的即时显示框），到合适位置释放鼠标左键即可，如图 5.25 所示。列宽的调整与行高的调整类似，可参照行高的调整和图 5.25 所示位置进行操作。

图 5.25　行高与列宽的调整

◎**相关知识：**

行高与列宽的调整与 Word 不同，不能直接拖动单元格边框线来改变宽度和高度（这样是移动单元格了），而是要拖动行号或者列标之间的分隔线。

（1）行高的调整方法：把鼠标移动到欲调整行的上、下边线上，当鼠标变为上下分裂的箭头 ÷ 时，按下鼠标左键，当出现虚线横线时，则上下拖动鼠标即可调整行高。

（2）列宽的调整方法：把鼠标移动到欲调整列的左、右边线上，当鼠标变为左右分裂的箭头 ◄► 时，按下鼠标左键，当出现虚线竖线时，则左右拖动鼠标即可调整列宽。

5.4.4　拓展实训

（一）实训一：制作一个学生成绩表，效果图如图 5.26 所示。

任务要求

新建一个 Excel 文档，以"学生成绩表.xlsx"为文件名保存到"拓展任务"文件夹下，并按照图 5.26 所示编辑学生成绩表，以此体会 Excel 制作这样的表格与 Word 的异同。

（二）实训二：美化工作表。

打开 5.3.4 节拓展实训中所制作的文件"国美电器销售统计表.xlsx"，如图 5.13 所示，完成任务要求。

宋体，小二，居中

学 生 成 绩 表

班级：计算机 2015-1　　　　任课教师：李明

学号	姓名	总评	平时成绩								期末考试成绩
			作业、实训					测验段考		平时综合成绩	
			分项成绩					分项成绩			
20150509001											
20150509002											
20150509003											
20150509004											
20150509005											

学生人数：　　　　制表日期：　　年　　月　　日

图 5.26　学生成绩表效果图

任务要求

（1）将标题设置为宋体 19 号字；“产品名称”这一标题行设置为宋体 11 号字，居中，并加粗；下面具体数据行为宋体 11 号字，不需要设置对齐方式；“销售额”和“利润”两列设置小数点后保留 2 位；添加所有框线。

（2）使用条件格式将“销量”一列中小于 1000 的数据用红底黑字显示出来，并将 10000 以上的用绿底黑字显示出来。最后保存退出。

5.5 任务五　统计学习小组成绩情况

Excel 强大的计算功能主要依赖于其公式和函数，利用它们可以对表格中的数据进行各种计算和处理。

5.5.1 任务目标

通过计算学习小组成绩表中学生的总分、平均分、名次、等级、课程平均分、课程最高分、课程最低分、参加考试人数和不及格人数，来学习公式和函数的使用方法，完成效果图如图 5.27 所示。

成绩统计表

编号	学号	姓名	计算机基础	大学英语	体育	总分	平均分	名次	等级
001	20170302001	唐秀伟	80	85	85	250	83.33333	1	及格
002	20170302002	雷安兴	67	78	76	221	73.66667	4	及格
003	20170302003	陈立兵	45	53	74	172	57.33333	7	不及格
004	20170302004	方春文	90	68	75	233	77.66667	3	及格
005	20170302005	覃振常	64	56	65	185	61.66667	6	及格
006	20170302006	唐文静	75	75	84	234	78	2	及格
007	20170302007	胡帅	50	70	68	188	62.66667	5	及格
008	自己学号	自己名字	66	58	35	159	53	8	不及格
	课程平均分		67.125	67.875	70.25				
	课程最高分		90	85	85				
	课程最低分		45	53	35				
	参加考试人数		8	8	8				
	不及格人数		2	3	1				

图 5.27　利用公式和函数完成的学习小组成绩表效果图

5.5.2　任务实施

（1）认识公式和函数。

（2）掌握公式的编辑方法。

（3）掌握常用基础函数的应用。

5.5.3　相关操作与知识

★ 核心知识1：输入与使用公式

编辑公式求总分。

选择 G3 单元格，在单元格中或者编辑栏中输入 "="，使用鼠标分别选择求和运算涉及的参数 D3、E3、F3，以水波纹框线指示，并使用运算符 "+" 连接各参数，如图 5.28 所示，完成公式的编辑后直接按【Enter】键确认求出总分。

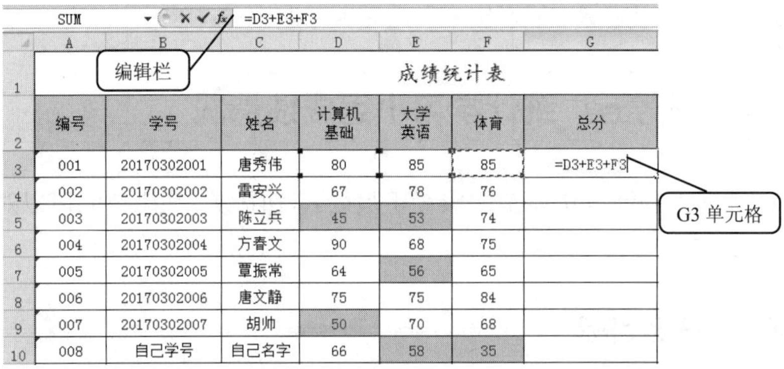

图 5.28　公式编辑

◎相关知识：

1. 认识公式和函数

公式由运算符和操作数组成。运算符可以是算术运算符、比较运算符、文本运算符和引用运算符等，操作数可以是常量、单元格引用和函数等。

注意：Excel 的公式必须以 "=" 开头，公式中的运算符要用英文半角字符。当公式引用的单元格的数据被修改后，公式的计算结果会自动更新。图 5.29（a）解析了利用公式求总分，图 5.29（b）解析了利用公式求平均值。

函数由函数名和参数组成，函数名表示执行什么操作，参数放在函数名后面的括号里，表示要计算的区域。合理利用函数可以完成诸如求和、求平均值、求最大值或最小值、计数、条件判断、排名等数据处理功能。几个常用函数的名称、格式和功能如表 5.1 所示。

=D3+E3+F3　　　　　　=AVERAGE（D3:F3）

单元格引用　　　　　函数名　　参数（计算的
　　　　　　　　　（求平均值）　单元格区域引用）

（a）　　　　　　　　　　（b）

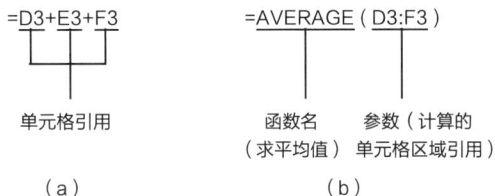

图 5.29　公式和函数的组成元素

表 5.1　几个常用函数

函数名称	格式	功能
求和函数 SUM	SUM（参数 1,参数 2,…）	求出参数表中所有参数之和
求平均值函数 AVERAGE	AVERACE（参数 1,参数 2,…）	求出参数表中所有参数的平均值
求最大值函数 MAX	MAX（参数 1,参数 2,…）	求出参数表中所有参数的最大值
求最小值函数 MIN	MIN（参数 1,参数 2,…）	求出参数表中所有参数的最小值
逻辑函数 IF	IF（条件,结果 1,结果 2）	条件成立时，结果为 1，不成立时结果为 2
计数统计函数 COUNT	COUNT（参数 1,参数 2,…）	求出参数表中有数值的单元格个数
条件统计函数 COUNTIF	COUNTIF（统计范围,条件）	求出区域中满足条件的单元格的个数
排序函数 RANK	RANK（数据,范围,排序方式）	返回某数据在数字列表中的大小排位

2. 公式中的运算符

Excel 包含四类运算符：算术运算符、比较运算符、引用运算符和文本运算符，如表 5.2 所示。

表 5.2　Excel 运算符

运算符类型	运算符	运算符含义	示例
算术运算符	+、一、*、/、%、^	加、减、乘、除、百分比、乘幂	A1+B2、A1-B2、A1*B2、A1/B2、68%、2^3
比较运算符	=、>、<、>=、<=、<>	等于、大于、小于、大于等于、小于等于、不等于	A1 = B2、A1>B2、A1 <B2、A1> = B2、A1 < = B2、A1<>B2
引用运算符	: ,	区域引用 联合引用	A1: E6 表示引用 A1 到 E6 之间的连续矩形区域 A1, E6 表示引用 A1 和 E6 两个单元格
文本运算符	&	文本连接	A1&B2 表示将 A1 和 B2 两个单元格中的文本连接成一个文本

3. 单元格的引用

（1）相对引用。相对引用是指在复制公式时，公式中单元格的行号、列标会根据目标单元格所在的行号、列标的变化自动进行调整。形象地说，相对引用就像人的影子，"你走，我也走"。

（2）绝对引用。绝对引用是指在公式复制时，不论目标单元格在什么位置，公式中单元格的行号和列标均保持不变。绝对引用的表示方法是在列标和行号前面都加上"$"，如

123

“B2”。在实际操作中是按【F4】键来加“$”符。实际上，绝对引用是“以不变应万变”。

（3）混合引用。如果在复制公式时，公式中单元格的行号或列标中只有一个要进行自动调整，而另一个不变，这种引用方法称混合引用。

混合引用的表示方法是在列标和行号其中之一前面加上符号“$”，如“B$2”“$B6”。在实际操作上也是按【F4】键来加“$”符。对列使用绝对引用，则是将列固定起来；对行使用绝对引用，则是将行固定起来。

★ 核心知识 2：使用基础函数

STEP 1 利用 SUM 函数求总分。

选择 G3 单元格，单击“开始”选项卡的 Σ 自动求和 ，单元格中显示求和函数 SUM，并自动选择了求和的单元格区域 D3 到 F3，以水波纹框线指示，如图 5.30 所示。这里自动给出的计算区域是正确的，就直接按【Enter】键求出总分。

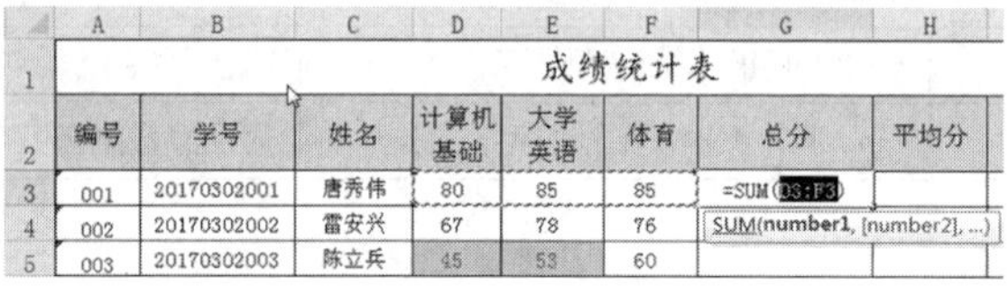

	A	B	C	D	E	F	G	H
1	成绩统计表							
2	编号	学号	姓名	计算机基础	大学英语	体育	总分	平均分
3	001	20170302001	唐秀伟	80	85	85	=SUM(D3:F3)	
4	002	20170302002	雷安兴	67	78	76	SUM(number1, [number2], ...)	
5	003	20170302003	陈立兵	45	53	60		

图 5.30　选择“自动求和”函数计算总分

选中 G3 单元格，拖动 G3 单元格右下角的填充柄向下到单元格 G10，如图 5.31（a）所示，将求和公式复制到同列其他单元格中，计算出其他学生的总分，结果如图 5.31（b）所示。

> **提 示**　因为使用的是相对地址 D3:F3，所以当公式向下填充时该地址会随着公式所在单元格的变化而自动调整公式中引用的单元格地址，这是非常方便的。

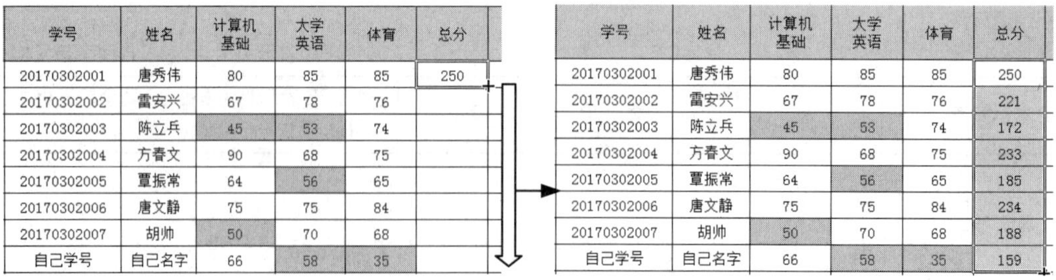

学号	姓名	计算机基础	大学英语	体育	总分
20170302001	唐秀伟	80	85	85	250
20170302002	雷安兴	67	78	76	
20170302003	陈立兵	45	53	74	
20170302004	方春文	90	68	75	
20170302005	覃振常	64	56	65	
20170302006	唐文静	75	75	84	
20170302007	胡帅	50	70	68	
自己学号	自己名字	66	58	35	

（a）

学号	姓名	计算机基础	大学英语	体育	总分
20170302001	唐秀伟	80	85	85	250
20170302002	雷安兴	67	78	76	221
20170302003	陈立兵	45	53	74	172
20170302004	方春文	90	68	75	233
20170302005	覃振常	64	56	65	185
20170302006	唐文静	75	75	84	234
20170302007	胡帅	50	70	68	188
自己学号	自己名字	66	58	35	159

（b）

图 5.31　复制公式计算其他学生的总分

STEP 2 利用 AVERAGE 函数求平均分。

选择 H3 单元格，单击“开始”选项卡“编辑”组的 Σ 自动求和 按钮右侧的下拉按钮，在展开的列表中选择"平均值",单元格中显示求平均值函数 AVERAGE,并自动选择了求平均值的单元格区域 D3 到 G3,以水波纹框线指示。这里自动给出的计算区域是错误的,把"总分"和其他三门课进行平均是不对的,所以需要用鼠标拖动重新选择 D3:F3 区域,如图 5.32 所示,按【Enter】键或单击✔按钮。拖动 H3 单元格右下角的填充柄向下到单元格 H10,计算出其他学生的平均分。

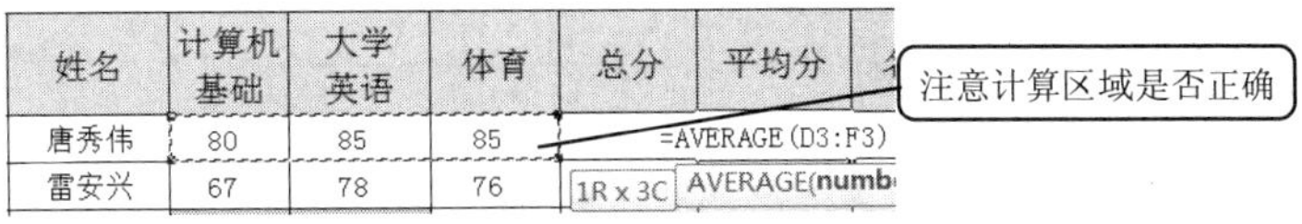

图 5.32　选择"求平均值"函数计算平均分

STEP 3 利用 AVERAGE 函数求课程平均分。

与 Step3 类似,选择 D11 单元格(课程平均分单元格右侧的单元格),除了"开始"选项卡,在"公式"选项卡中也有"自动求和"按钮,如图 5.33(a)所示,单击下方的下拉按钮选择"平均值"选项,出现图 5.33(b)所示的"=AVERAGE(D3:D10)",这时计算区域是正确的,以蓝色框线显示,直接按【Enter】键或单击✔按钮即可。拖动 D11 单元格右下角的填充柄向右到单元格 F11,计算出其他课程平均分。

(a)　　　　　　　　　　　(b)

图 5.33　选择"求平均值"函数计算"课程平均分"

STEP 4 利用最大值 MAX 函数求课程最高分、最小值 MIN 函数求最低分。

最高分也就是最大值,先选择 D12 单元格,单击图 5.32(a)所示的"最大值"选项,Excel 判断该单元格左侧不是数值,上面是数值,所以把上面的单元格区域 D3:D11 作为计算区域,如图 5.34(a)所示。显然多计算了 D11 这个单元格,因此要重新拖动鼠标选择 D3:D10 作为计算区域。如图 5.34(b)所示。按【Enter】键或单击√按钮即可。拖动 D12 单元格右下角的填充柄向右到单元格 F12,计算出其他课程最高分。"课程最低分"选择"最小值",其他参照"最大值"的方法。

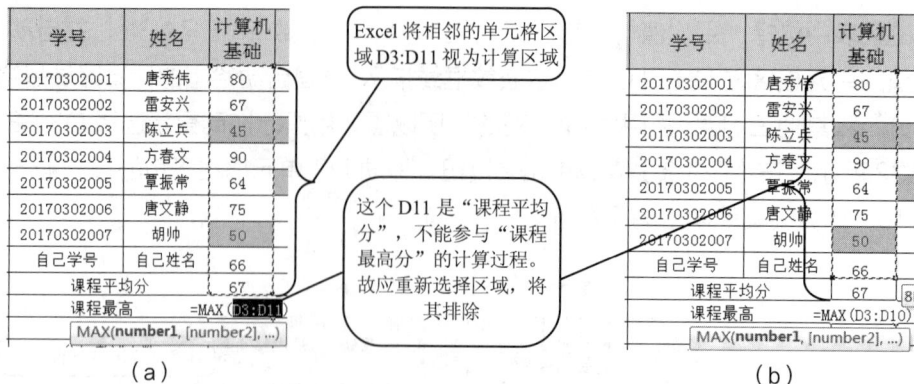

图5.34　选择"最大值"函数计算"课程最高分"

STEP 5 利用 COUNT 函数求参加考试人数。

选择 D14 单元格（"参加考试人数"右侧单元格），选择"开始"选项卡或者"公式"选项卡中的"自动求和"按钮里面的"计数"选项，如图 5.35（a）所示，出现图 5.35（b）所示的"=COUNT(D3:D10)"公式，按【Enter】键或单击✔按钮即可。拖动 D14 单元格右下角的填充柄向右到单元格 F14，计算出其他课程参加考试人数。

STEP 6 利用 COUNTIF 函数求不及格人数。

选择 D15 单元格（"不及格人数"右侧单元格），选择"开始"选项卡或者"公式"选项卡中的"自动求和"按钮里面的"其他函数"，或者单击地址栏右侧的 f_x 按钮，在打开的"插入函数"对话框中，先选择类别为"统计"，再选择函数"COUNTIF"，如图 5.36 所示，单击"确定"按钮，出现图 5.37 所示的对话框，单击"Range"右侧的 按钮，该对话框缩小为一条，切换到工作表，选择 D3:D10 单元格区域，再次单击 按钮，回到刚才的对话框，这时 Range 右侧空白框内已经有 D3:D10 区域了，在"Criteria"右侧空白框内输入"<60"。注意：双引号可以不输入，如果输入必须是英文双引号。

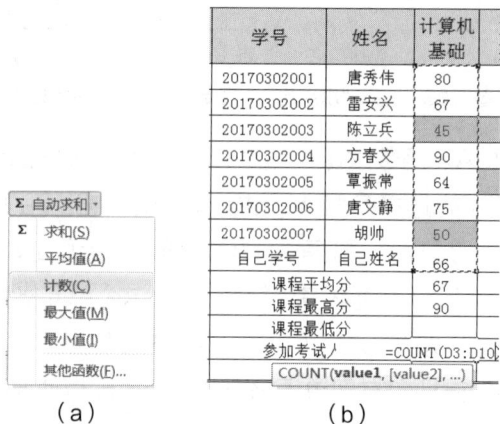

图5.35　选择"计数"函数计算"参加考试人数"

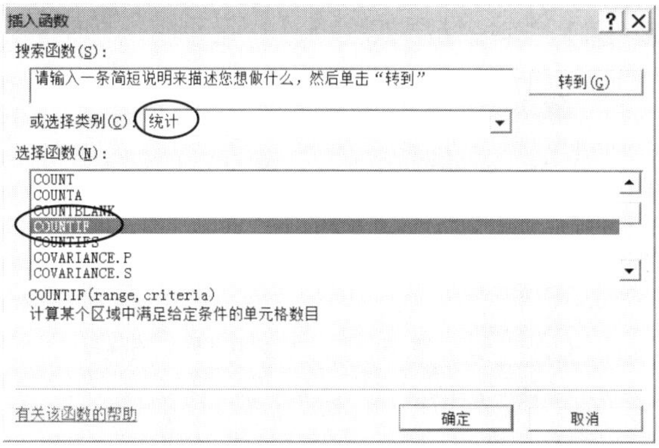

图 5.36　条件计数 COUNTIF 函数选择对话框

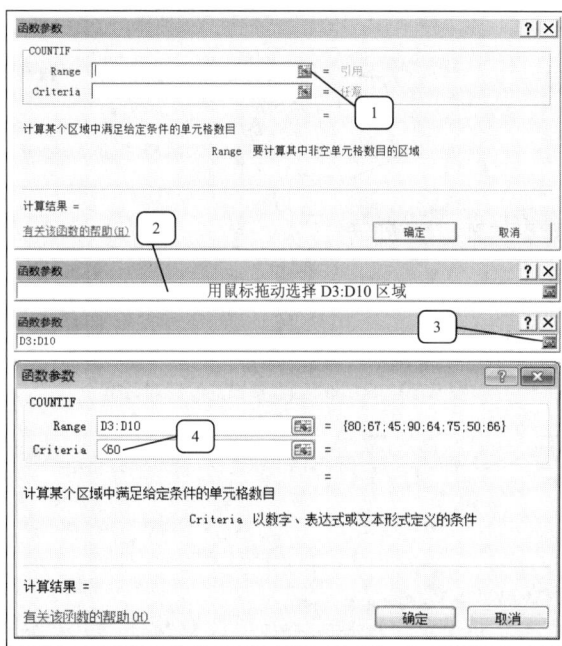

图 5.37　有条件计数的分步解析（统计不及格人数）

按【Enter】键或单击 ✔ 按钮，显示最终公式 "=COUNTIF(D3:D10,"<60")"。拖动 D15 单元格右下角的填充柄向右到单元格 F15，计算出其他课程不及格人数。

STEP 7 利用 RANK 函数排名次。

选择 I3 单元格，单击编辑栏左侧（地址栏右侧）的插入函数 *f*ₓ 按钮，出现如图 5.38 所示的对话框，先选择 "全部" 类别，再选择 "RANK" 函数。

单击 "确定" 按钮，出现 "函数参数" 对话框，单击 "Number" 右侧的 按钮或者单击 "Number" 右侧的空白框，选择 G3 单元格，再单击 "Ref" 右侧的空白框，选择 G3:G10 区域，如图 5.39 所示。

最关键的是，将 "Ref" 右侧 G3:G10 这个单元格引用区域的行号和列标前面均加上 "$" 符号，如图 5.40 所示，表示使用绝对地址，因为在公式填充到其他单元格时，这片排位区域是不应该变的。排名结果如图 5.41 所示。

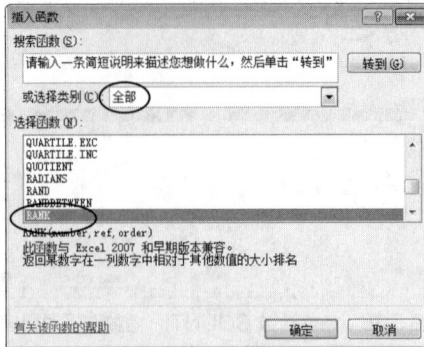

图 5.38　RANK 函数选择对话框

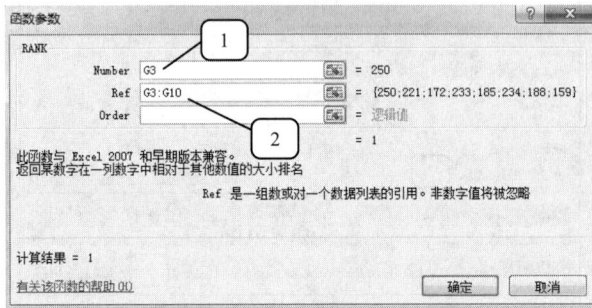

图 5.39　RANK 函数参数的设置对话框

图 5.40　排名区域的绝对引用

图 5.41　排名结果

STEP 8 利用 IF 函数设置等级。

选择 J3 单元格，单击编辑栏左侧（地址栏右侧）的插入函数 f_x 按钮，出现如图 5.42 所示的对话框，在"常用函数"类别中就有 IF 函数，选择后单击"确定"按钮，出现如图 5.43 所示的 IF 函数参数设置对话框。

按照图 5.43 所示来设置参数，单击"确定"按钮，出现公式"=IF(H3<60,"不及格","及格")"，表示 H3 单元格内容小于 60，就显示"不及格"，否则显示"及格"。

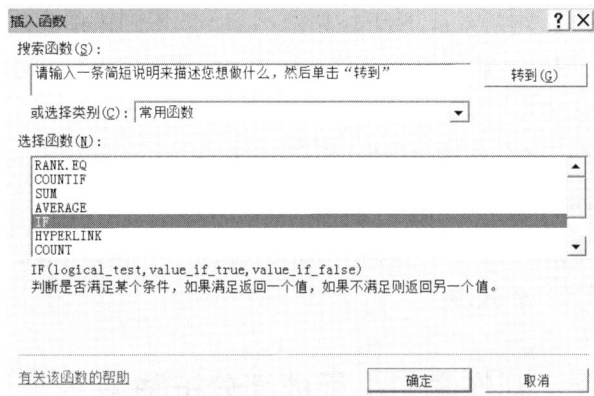

图 5.42　IF 函数选择对话框

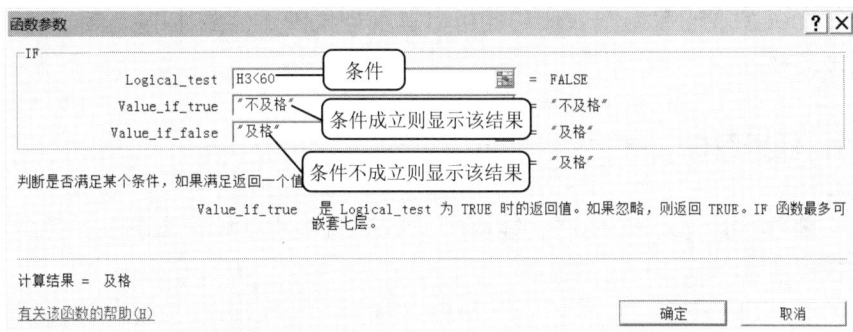

图 5.43　IF 函数参数的设置对话框

如果想把等级分三等：小于 60 为"不及格"，60~85（含 60 不含 85）为"及格"，85~100 为"优秀"，这时需要用到 IF 嵌套。原来"及格"的现在要判断以 85 为分界显示为两个等级：及格和优秀，所以还要用 IF 进行判断，分解步骤如下。

IF(H3<60 ,"不及格",　　　　　　↑　　　　　　　　　)

IF(H3<85 ,"及格","优秀")

最终合成公式：　IF（H3<60 ，"不及格" ， IF（H3<85 ，"及格","优秀"））

解释为如果 小于 60, 就是 不及格, 否则（如果 小于 85, 就是 及格, 否则 优秀 ）

如果分的级别不止三级，那就需要有更多层嵌套，按照上述原理把"优秀"的位置处换成 IF 嵌套。最后将工作簿另存为"学习小组成绩表.xlsx"。

5.5.4　拓展实训

计算 5.3.4 节中的练习文件"国美电器销售统计表.xlsx"，其中销售额=销量*单价。

任务要求

（1）利用 IF 函数计算利润，利润的计算方法为：如果销量在 1000 台以下，利润为销售额的 5%，销量在 1000～10000 台之间，利润为销售额的 8%，销量在 10000 台以上，利润为销售额的 10%。

（2）利用 RANK 函数分别按"销售额"和"利润"排名。

（3）分别计算电视机、冰箱、洗衣机的最高销量和平均销量。使用逗号表达式引用不相邻的两片区域，例如"=MAX(D3:D7,D17:D21)"，也可以按住【Ctrl】键，用鼠标拖动选取不相邻的两片计算区域。

5.6　任务六　制作学习小组成绩分析图表

利用 Excel 图表的数据图表化功能可以直观地反映工作表中的数据，方便用户进行数据的比较和预测。

5.6.1　任务目标

打开"学习小组成绩表.xlsx"，能够根据数据清单建立和编辑图表，完成效果图如图 5.44 所示。

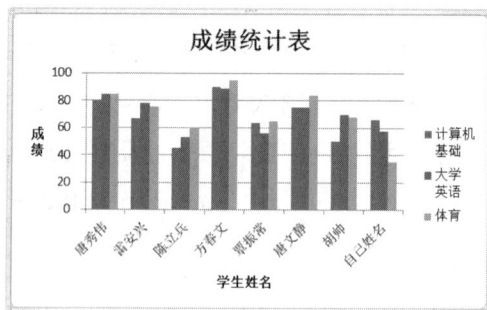

图 5.44　图表参考效果图

5.6.2　任务实施

（1）选择要建立图表的数据区域。

（2）插入图表。

（3）编辑图表。

5.6.3　相关操作与知识

★ 核心知识 1：创建图表

STEP 1 选择要创建图表的数据区域，即以此区域的数据为依据建立图表。这里选择
C2 到 F10，包含"姓名"这行标题行。如果要选择不相邻的多片区域，按住【Ctrl】键同
时拖动鼠标选择即可。

STEP 2 单击"插入"选项卡的"图表"组中的"柱形图"按钮，在展开的列表中选择
"二维柱形图"下的"簇状柱形图"，如图 5.45（a）所示。单击后出现图 5.45（b）所示
的图表。

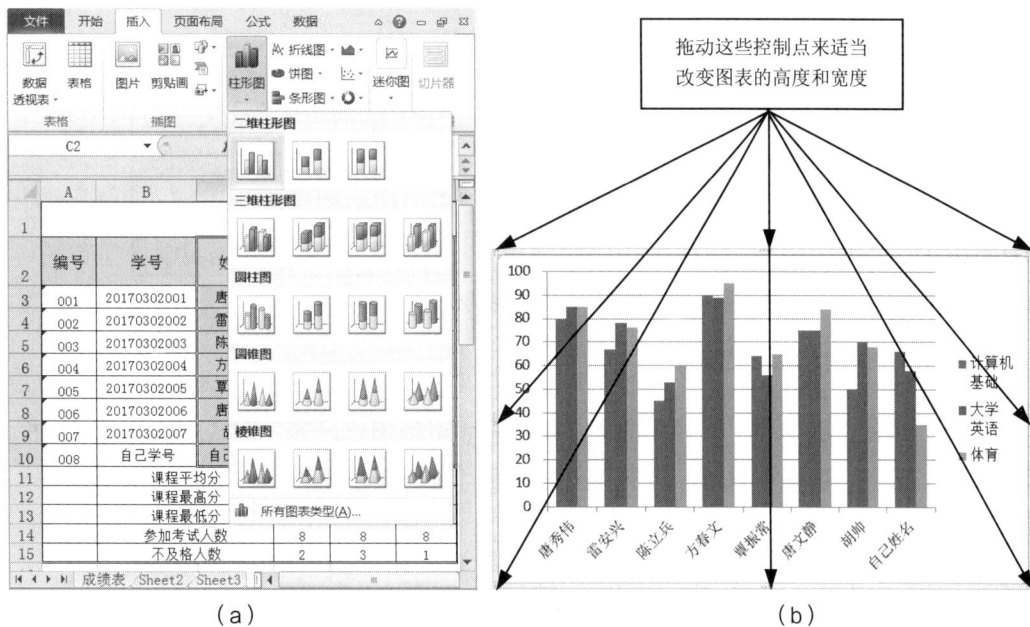

（a）　　　　　　　　　　　　（b）

图 5.45　创建图表

★ 核心知识 2：编辑图表

图表创建后将被自动选中，此时 Excel 2010 的菜单功能区出现"图表工具"选项卡，
其包括 3 个子选项卡：设计、布局和格式。可以利用这 3 个子选项卡对创建的图表进行编
辑和美化，其中"布局"选项卡主要用来添加或取消图表的组成元素。

STEP 1 添加标题。选择图表后，单击"布局"选项卡的"标签"组的"图表标题"按
钮列表下的"图表上方"，然后将"图表标题"4 个字改为"成绩统计表"，如图 5.46 所示。

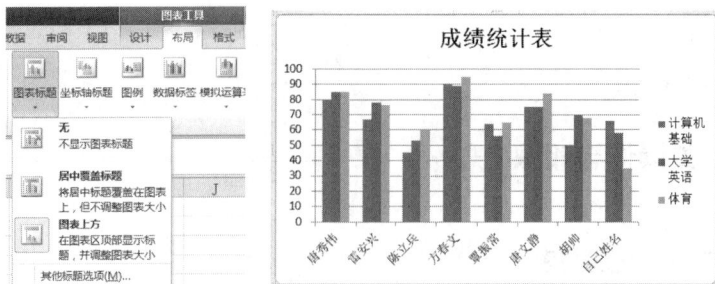

图 5.46　添加图表标题

STEP 2 添加 X、Y 坐标轴标题。单击"布局"选项卡"标签"组的"坐标轴标题"按钮列表下的"主要横坐标轴标题"的"坐标轴下方标题"，然后输入"学生姓名"。类似地，单击"主要纵坐标轴标题"的"竖排标题"，如图 5.47 所示，然后输入"成绩"。最后效果图如图 5.44 所示。

图 5.47　选择添加 X、Y 坐标轴（横纵坐标轴）标题菜单

★ **核心知识 3：美化图表**

利用"图表工具"的"格式"选项卡可对图表进行格式设置，例如形状样式、边框和填充颜色、文字的艺术字设置等，从而美化图表。工具按钮如图 5.48 所示。

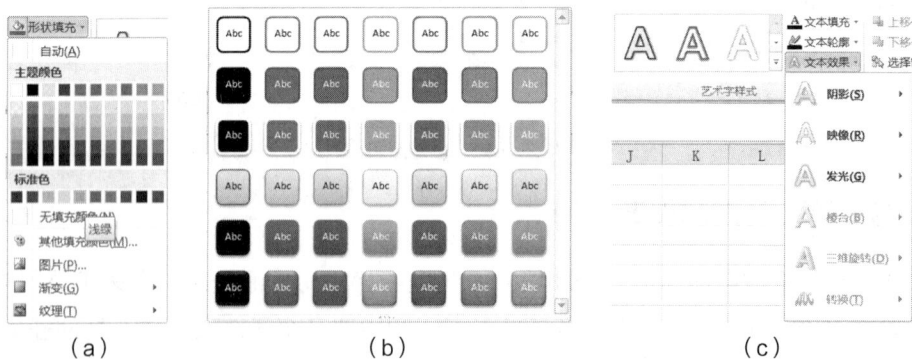

（a）　　　　　　　　　　　（b）　　　　　　　　　　　（c）

图 5.48　美化工作表的形状、样式和艺术字

5.6.4　拓展实训

任务要求

在 5.3.4 节中的练习文件"国美电器销售统计表.xlsx"中，在销售表右侧，建立一个各商品上半年度销量的二维簇状柱形图。图表标题为"上半年度销量"，另存为"国美电器销售统计图表.xlsx"。

5.7　任务七　管理与分析学习小组成绩表

除了可以利用公式和函数对工作表数据进行计算和处理外，还可以利用 Excel 提供的数据排序、分类汇总和筛选等功能来管理和分析工作表中的数据。

5.7.1　任务目标

打开"学习小组成绩表.xlsx"，能够完成排序、分类汇总和筛选。

5.7.2　任务实施

（1）利用排序按钮 ↓↑（升序）和 ↑↓（降序）进行简单排序。
（2）利用关键字进行排序。
（3）对数据表进行分类汇总。
（4）对数据表进行筛选。

5.7.3　相关操作与知识

★ 核心知识 1：排序

STEP 1 对单列排序。在 Excel 中，如果只对一列数据进行排序，可选中该列的任意单元格，然后单击"数据"选项卡"排序和筛选"组中的"升序"按钮↓↑或者"降序"按钮↑↓，此时，同一行其他单元格的位置也将随之变化。

STEP 2 对多列排序。选择包含标题行的待参加排序的多行多列数据，如图 5.49 所示，单击"数据"选项卡"排序和筛选"组中的"排序"按钮，打开"排序"对话框。

在该对话框中选择主要关键字，如"总分"，并选择排序依据和排序次序，这里排序依据按默认"数值"，次序选择"降序"，这样总分最高的第一名在最上面。如果有两个学生的总分相同，则将按次要关键字进行排序，可以单击"添加条件"选择卡，并设置次要关键字的条件，如图 5.50 所示，排序结果如图 5.51 所示。

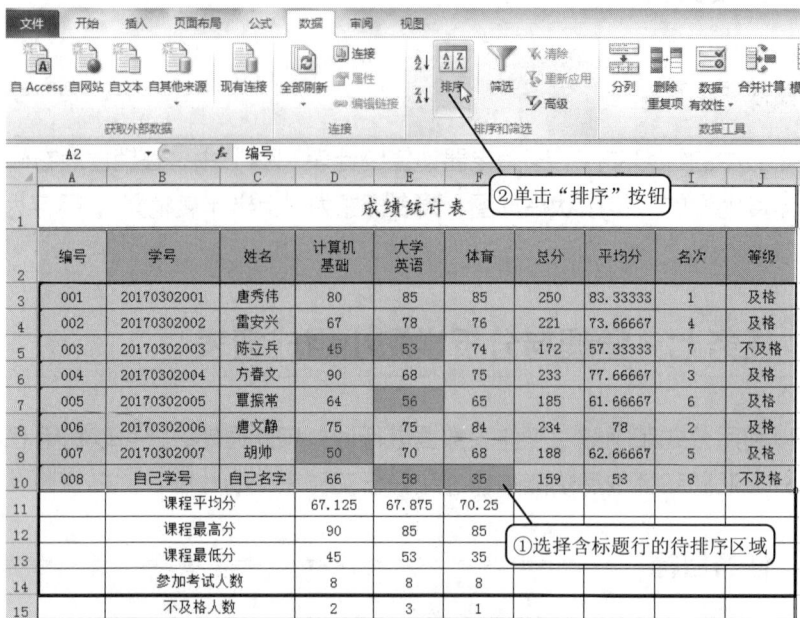

图 5.49　选择排序区域

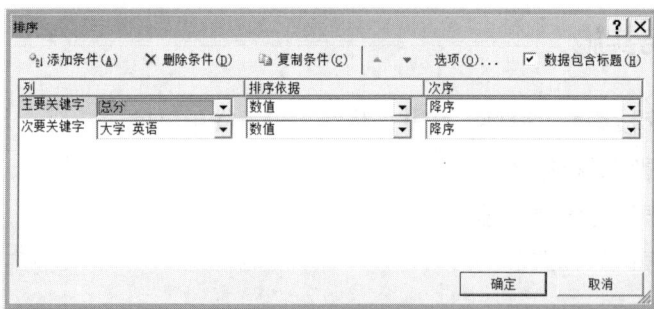

图 5.50　设置排序关键词

图 5.51　排序结果

★ 核心知识 2：分类汇总

分类汇总是把数据表中的数据分门别类地进行统计处理。注意，分类汇总前必须按分类字段的列进行排序，而且分类汇总数据的第一行必须有列标签。例如，对素材"分类汇总.xlsx"中的公共基础课成绩表按照"系别"分类汇总各门课的平均成绩,操作步骤如下。

STEP 1 先按分类汇总字段排序,因为同一个系的要挨在一起,如图 5.52 所示。

公共基础课成绩表

记录号	姓名	性别	系别	计算机	英语	体育	总分
5	刘强	男	管理	90	50	80	220
10	刘芳	女	管理	66	80	94	240
15	梁艳	女	管理	60	52	50	162
6	何华	女	航海	80	88	96	264
11	王爱华	男	航海	88	80	66	234
17	上官云飞	男	航海	90	50	80	220
2	王飞	女	建筑	51	70	50	171
16	邓炜	女	建筑	90	85	97	272
19	赵云	男	建筑	70	84	90	244
1	刘得华	男	路桥	80	88	96	264
7	张蓉生	女	路桥	75	90	99	264
12	李红	女	路桥	90	50	80	220
18	司马婷婷	女	路桥	84	90	60	234
20	周道	男	路桥	51	80	94	225
4	黎明	女	汽车	88	80	66	234
9	闫三员	男	汽车	55	50	60	165
14	罗健强	男	汽车	70	84	90	244
3	姚民	男	信息	66	80	94	240
8	郭华	女	信息	95	84	90	269
13	韦波涛	男	信息	84	90	60	234

图 5.52 分类汇总前按"系别"字段排序

STEP 2 单击"数据"选项卡"分级显示"组中的"分类汇总"按钮,出现如图 5.53 所示的对话框,按照图中所示方法进行对话框的设置,最后单击"确定"按钮。分类汇总效果如图 5.54 所示。

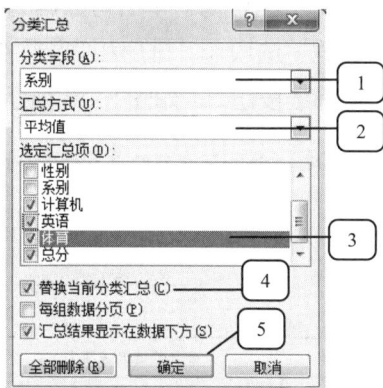

图 5.53 "分类汇总"对话框

STEP 3 取消分类汇总。在分类汇总的区域内单击任意一个单元格,单击"数据"选项卡"分级显示"组中的"分类汇总"按钮,在"分类汇总"对话框中单击"全部删除"按钮。

★ **核心知识 3:筛选**

使用筛选可使数据表中仅显示那些满足条件的行,不符合条件的行将被隐藏。

1. 自动筛选

这种筛选方法可以轻松地显示工作表中满足条件的记录行,它适用于简单条件的筛

选。自动筛选有 3 种筛选类型：按列表值、按格式、按条件。这 3 种筛选类型是互斥的，
用户只能选择其中的一种进行筛选。

		公共基础课成绩表					
记录号	姓名	性别	系别	计算机	英语	体育	总分
5	刘强	男	管理	90	50	80	220
10	刘芳	女	管理	66	80	94	240
15	梁艳	女	管理	60	52	50	162
			管理 平均值	72	60.67	74.67	207.33
6	何华	女	航海	80	88	96	264
11	王爱华	男	航海	88	80	66	234
17	上官云飞	男	航海	90	50	80	220
			航海 平均值	86	72.67	80.67	239.33
2	王飞	女	建筑	51	70	50	171
16	邓炜	女	建筑	90	85	97	272
19	赵云	男	建筑	70	84	90	244
			建筑 平均值	70.33	79.67	79	229
1	刘得华	男	路桥	80	88	96	264
7	张蓉生	女	路桥	75	90	99	264
12	李红	女	路桥	90	50	80	220
18	司马婷婷	女	路桥	84	90	60	234
20	周道	男	路桥	51	80	94	225
			路桥 平均值	76	79.6	85.8	241.4
4	黎明	女	汽车	88	80	66	234
9	闫三贝	男	汽车	55	50	60	165
14	罗健强	男	汽车	70	84	90	244
			汽车 平均值	71	71.33	72	214.33
3	姚民	男	信息	66	80	94	240
8	郭华	女	信息	95	84	90	269
13	韦波涛	男	信息	84	90	60	234
			信息 平均值	81.67	84.67	81.33	247.67
			总计平均值	76.15	75.25	79.6	231

图 5.54 分类汇总效果图

STEP 1 打开素材"筛选.xlsx"工作簿。单击有数据的任意单元格，或选中要参与筛选
的单元格区域，然后单击"数据"选项卡"排序和筛选"组的"筛选"按钮，此时标题行
有数据的单元格右侧出现三角筛选按钮，如图 5.55 所示。

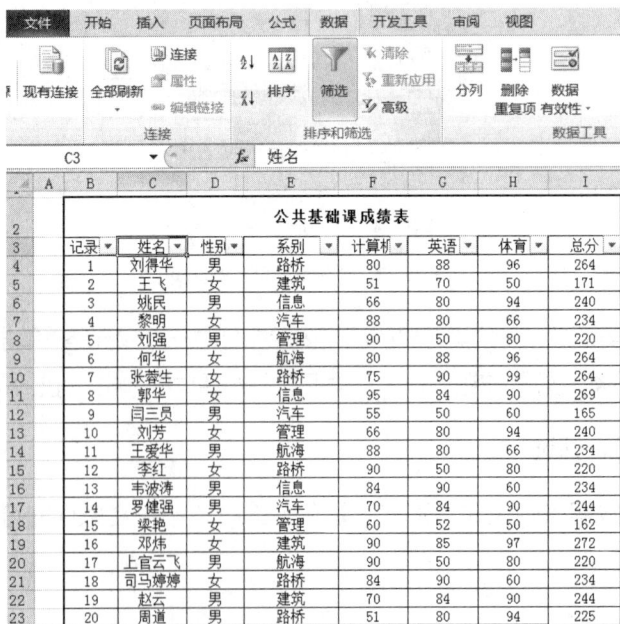

图 5.55 选中"筛选"按钮后标题行出现三角筛选按钮

STEP 2 单击"体育"右侧的筛选按钮，在该列所有成绩数中只选 50，结果只有体育成绩 50 分的学生记录显示出来，其他行被隐藏了，如图 5.56 所示。

图 5.56　单击"体育"右侧的筛选按钮

STEP 3 自定义筛选条件。单击"计算机"右侧的筛选按钮，选择"数字筛选"的子菜单"小于"，如图 5.57 所示，在"自定义自动筛选方式"对话框中输入数值 60，如图 5.58 所示，表示筛选计算机成绩不及格的学生。

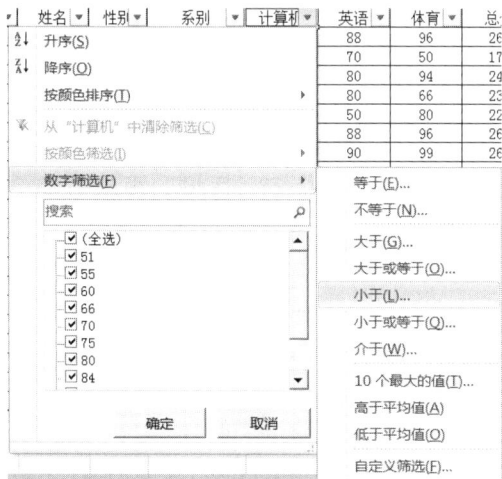

图 5.57　自定义筛选条件

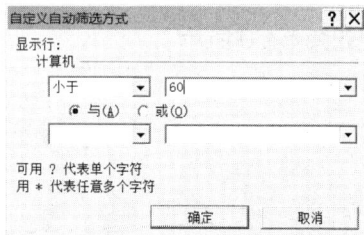

图 5.58　筛选计算机成绩不及格的学生

提示 如果按 Step3 再设置筛选条件为英语小于 60 分，则表示筛选计算机和英语都（同时）不及格的学生。两列或多列都设置了筛选条件，这种是与（并且）的关系，两者都满足，都起作用。

2. 高级筛选

这种筛选方法使用复杂的条件来筛选记录。使用时除了数据区域外，还要指定一小片区域输入（创建）筛选条件来完成。例如，筛选有不及格课程的学生记录，操作步骤如下。

STEP 1 输入条件区域，例如在K15:M18中先输入一行包含3门课程名的标题行，再在下面错开的行输入3个"<60"，错开的行表示这3个条件是或者的关系，如图5.59中步骤1所示。

STEP 2 选择包含标题行的数据区域，如图5.59中步骤2所示，单击"数据"选项卡"排序和筛选"组的"高级"按钮，如图5.59中步骤3所示，在弹出的对话框中"列表区域"已经有刚选择的数据区域了，如图5.59中步骤4所示。

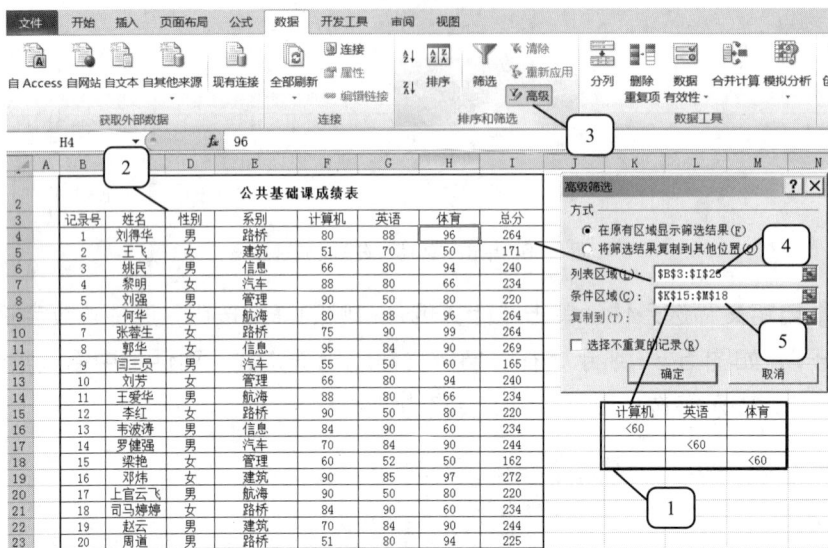

图5.59 高级筛选操作演示

STEP 3 单击对话框中"条件区域"右侧的按钮，选择条件区域，再单击按钮回到对话框，图5.59中5所指示的条件区域已经选好，最后单击"确定"按钮，高级筛选结果如图5.60所示。

图5.60 高级筛选结果（有不及格课程的学生记录）

3. 取消筛选

如果要取消某一列的筛选，可单击该列列标题右侧的筛选按钮，在展开的列表中选"全选"复选框，然后单击"确定"按钮。

如果要取消自动筛选，即去掉所有列标题行中的筛选按钮，可再单击一次"数据"选项卡"排序和筛选"组的"筛选"按钮，该按钮就像开关按钮一样。

如果要取消所有列的筛选，例如取消高级筛选，单击"数据"选项卡"排序和筛选"

组的"清除"按钮 清除 。

5.7.4 拓展实训

任务要求

（1）对 5.3.4 节中的练习文件"国美电器销售统计表.xlsx"进行排序，主要关键字为"种类"，升序；次要关键字为销量，降序。另存为"国美电器销售统计排序表.xlsx"。

（2）对 5.3.4 节中的练习文件"国美电器销售统计表.xlsx"按"种类"汇总销售额，即分类汇总时的分类字段选择"种类"，汇总方式为"求和"，选定汇总项为"销售额"。将结果另存为"国美电器销售汇总表.xlsx"。

（3）对 5.3.4 节中的练习文件"国美电器销售统计表.xlsx"进行自动筛选，筛选"销量"在 1000 台以下的产品。将结果另存为"国美电器销售筛选表（不足千台）.xlsx"。

（4）对 5.3.4 节中的练习文件"国美电器销售统计表.xlsx"进行高级筛选，筛选条件为销量大于等于 10000 台或者利润大于等于 100 万元的商品。将结果另存为"国美电器销售筛选表（万台或百万利润以上）.xlsx"。

5.8 任务八 完善工作表的页面设置

5.8.1 任务目标

通过长文档的查看和打印预览，学习在 Excel 2010 中设置纸张大小和方向、页边距、页眉和页脚、打印标题行、打印区域和打印预览，以及拆分和冻结窗格等操作。

5.8.2 任务实施

（1）利用"页面布局"选项卡"页面设置"组中的相关按钮进行纸张大小、纸张方向、页边距、打印区域和打印标题的设置。

（2）利用"页面布局"对话框实现页眉和页脚的设置。

（3）打印预览。

（4）利用"视图"选项卡拆分和冻结窗格。

5.8.3 相关操作与知识

★ **核心知识 1：设置纸张大小、方向和页边距**

STEP 1 用户可以利用"页面布局"选项卡"页面设置"组中相关按钮，如图 5.61 所示。

图 5.61 "页面布局"选项卡中设置纸张大小、方向和页边距按钮

STEP 2 利用对话框设置。打开"页面设置"对话框，单击该对话框的"页面"选项卡，在这里不仅可以选择纸张大小、纸张方向，还可以设置缩放比例，例如想放大打印，则可将缩放比例设置为大于 100%。

单击该对话框的"页边距"选项卡，可以详细设置上、下、左、右页边距，如图 5.62 所示。

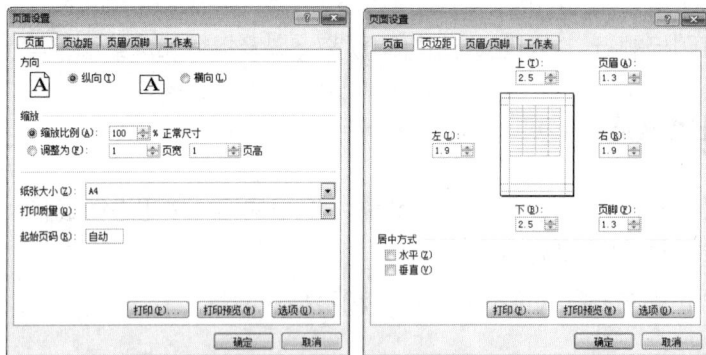

图 5.62 "页面设置"对话框的"页面"和"页边距"选项卡

★ 核心知识 2：设置页眉和页脚

STEP 1 将对话框切换到"页眉/页脚"选项卡，如图 5.63 所示，单击"自定义页脚"按钮，出现如图 5.64 所示对话框，在靠右侧输入"制表人：自己姓名"。

STEP 2 打印预览。设置完页眉/页脚，可以在打印预览中查看效果，如图 5.65 所示。

图 5.63 "页面设置"对话框的"页眉/页脚"选项卡

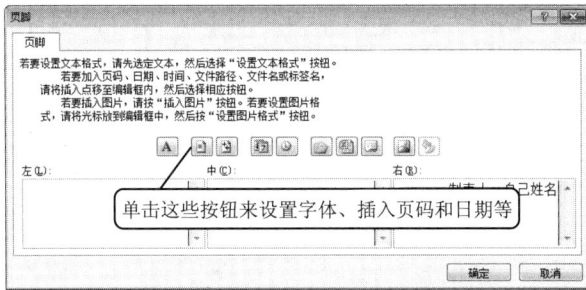

图 5.64 自定义"页脚"对话框

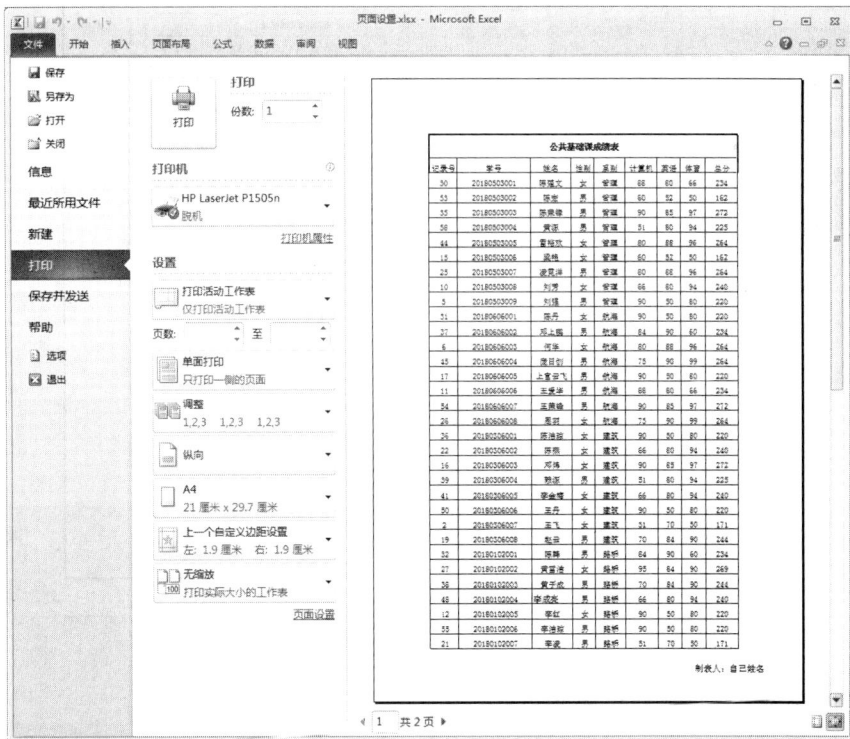

图 5.65 设置完自定义页脚后的打印预览效果

★ **核心知识 3: 设置打印区域**

设置打印区域。例如只打印管理系的学生成绩，选择如图 5.66 所示的区域，再单击"打印区域"的"设置打印区域"，打印预览的效果如图 5.67 所示。

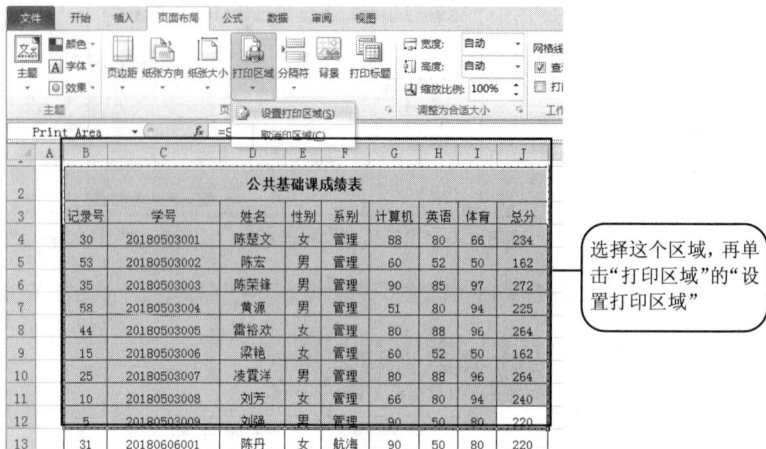

图 5.66　设置打印区域

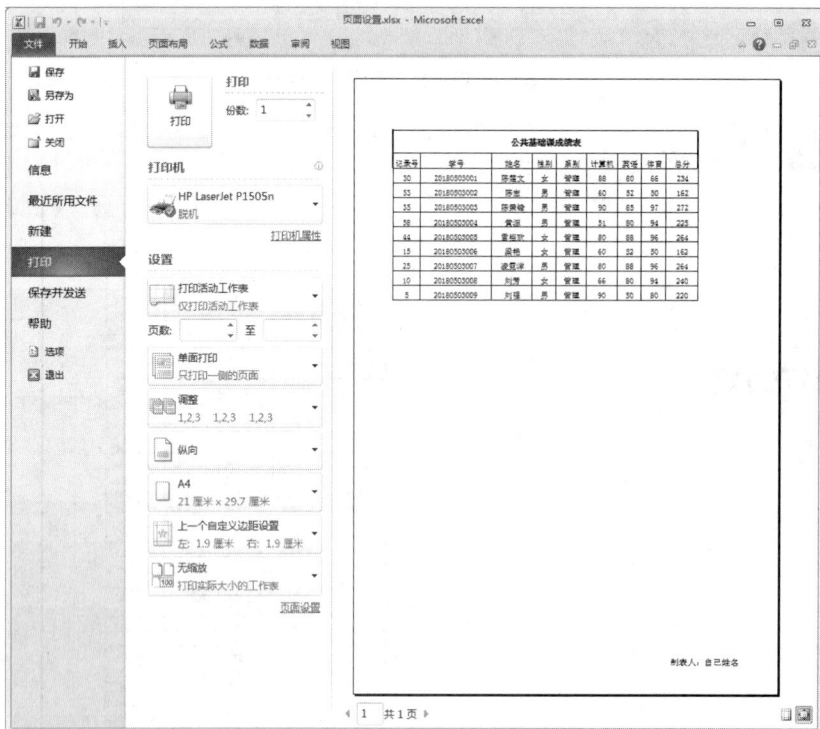

图 5.67　设置完打印区域后的打印预览

★ **核心知识 4: 设置打印标题行**

当第 2 页及后续页都不出现标题行时，打印出来后查看很不方便，如图 5.68 所示。

这时可以设置打印标题行，使得每一页都出现标题行。单击"页面布局"选项卡的"打印标题"按钮，出现如图 5.69 所示的对话框，单击"顶端标题行"右侧的 ![按钮] 按钮，选择行号 2、3，最后单击"确定"按钮，第 2 页及后续页都出现了标题行，如图 5.70 所示。

5	20180503009	刘强	男	管理	90	50	80	220
31	20180606001	陈丹	女	航海	90	50	80	220
37	20180606002	邓上鹏	男	航海	84	90	60	234
6	20180606003	何华	女	航海	80	88	96	264
45	20180606004	庞日创	男	航海	75	90	99	264
17	20180606005	上官云飞	男	航海	90	50	80	220
11	20180606006	王爱华	男	航海	88	80	66	234
54	20180606007	王崇锋	男	航海	90	85	97	272
26	20180606008	周羽	女	航海	75	90	99	264
36	20180306001	陈洁称	女	建筑	90	50	80	220
22	20180306002	陈燕	女	建筑	66	80	94	240

制表人：自己姓名

图 5.68　第 2 页之后不出现标题行

图 5.69　设置打印标题行及步骤演示

公共基础课成绩表								
记录号	学号	姓名	性别	系别	计算机	英语	体育	总分
5	20180503009	刘强	男	管理	90	50	80	220
31	20180606001	陈丹	女	航海	90	50	80	220
37	20180606002	邓上鹏	男	航海	84	90	60	234
6	20180606003	何华	女	航海	80	88	96	264
45	20180606004	庞日创	男	航海	75	90	99	264
17	20180606005	上官云飞	男	航海	90	50	80	220
11	20180606006	王爱华	男	航海	88	80	66	234
54	20180606007	王崇锋	男	航海	90	85	97	272

制表人：自己姓名

图 5.70　第 2 页及后续页也出现了标题行

★ **核心知识 5：设置窗口的拆分与冻结**

STEP 1 拆分窗口。通过拆分窗口可以同时查看分隔较远的工作表数据。单击"视图"选项卡"窗口"组中的"拆分"按钮▦，可以将窗口拆分成 4 个子窗口，如图 5.71 所示。

图 5.71　拆分窗口

双击拆分条可以取消相应的拆分。如果取消整个窗口的拆分，可以再次单击"拆分"按钮▦。

STEP 2 冻结窗格。单击图 5.71 工作表中第 4 行的任意单元格，然后单击"视图"选项卡"窗口"组中的"冻结窗格"按钮▦，在展开的列表中选择"冻结拆分窗格"，如图 5.72 所示。此时，所选单元格以上行和以左列被冻结，当滚动鼠标滚轮或拖动滚动条时，这些行和列始终显示。

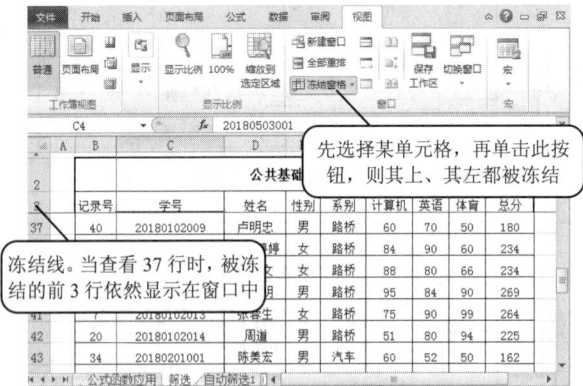

图 5.72　冻结窗格

5.8.4　拓展实训

（1）对 5.3.4 节中的练习文件"国美电器销售统计表.xlsx"进行页面设置，纸张大小为 A4，纵向，缩放比例为 100%，左右页边距为 1，上下页边距为 2。

（2）对 5.3.4 节中的练习文件"国美电器销售统计表.xlsx"设置其自定义页眉，居中显示"20xx 年度"，即输入当前年度。自定义页脚，左侧显示"审核："，居中显示"制表人：xxx"，这里的 xxx 是你自己的姓名，右侧显示"20xx 年 12 月 31 日"。

（3）对 5.3.4 节中的练习文件"国美电器销售统计表.xlsx"设置打印标题行为第 1 和第 2 行。完成后保存退出。

第6章

演示文稿处理软件 PowerPoint 2010

06

课前导读：

PowerPoint 2010 是 Microsoft 公司开发的 Office 2010 办公组件中的三大核心组件之一，具有强大的幻灯片设计、制作及演示功能。利用它可以根据演示主题设计和制作各种电子演示文稿，如工作报告、企业介绍、项目宣讲、培训课件、竞聘演说等，并且还可通过图片、音视频和动画等多媒体形式表现复杂的内容，从而使演示内容更直观、生动，是人们日常生活、工作、学习中使用最多的幻灯片演示软件。

任务描述：

【任务情景一】李峰大学毕业后应聘到一家公司工作，一转眼到年底了，部门要求员工结合自己的工作情况写一份工作总结，并且在年终总结会议上进行演说。李峰有一定的 Office 软件使用基础，他知道用 PowerPoint 来完成这个任务是再合适不过了。作为 PowerPoint 的新手，李峰希望在简单操作的情况下实现演示文稿的效果。

【任务情景二】某公司正在筹办一个员工职业素质的提升活动，要求公司办公室负责举办一个关于"职业礼仪"的培训讲座。小陈作为该项目的负责人兼培训主讲，需要在课前制作一个主题为"职业礼仪培训"的图、文、声并茂的培训课件。

【任务情景三】某数码产品公司要在新产品推介会上重点推出一款数码相机新品，公司市场部的潘辰负责制作一个可在发布会现场自动播放的介绍新产品组成结构的演示文稿。

任务分析：

※ 掌握 PowerPoint 的基本编辑技术

※ 了解幻灯片对象的布局方法

※ 掌握演示文稿的动画设置方法

※ 掌握演示文稿的放映与发布

6.1 任务一 初识 PowerPoint 2010

6.1.1 PowerPoint 2010 的工作界面

PowerPoint 2010 的工作界面如图 6.1 所示。

1. 标题栏

标题栏位于软件界面的顶端，显示演示文稿的文件名和程序名，以及最小化、最大化、还原和关闭按钮。

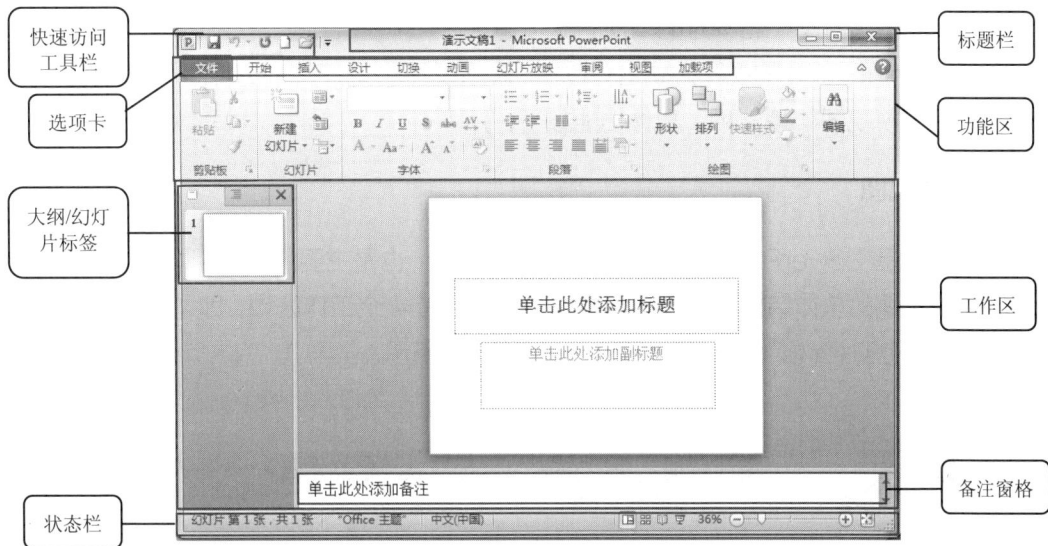

图 6.1　PowerPoint 2010 的工作界面

2. 快速访问工具栏

该软件的常用操作命令以图标按钮的方式呈现在快速访问工具栏中，默认的图标按钮有"保存""撤销""重复"和"打开"，可以根据实际需要通过自定义的方式添加或删除。

3. 功能区

功能区由一个个按功能集成的选项卡组成，具体包括"文件""开始""插入""设计""切换""动画""幻灯片放映""审阅""视图"等。各选项卡内是功能更细化的各"功能组"，而这些"组"则是由"命令按钮""菜单"或"对话框"组成。

4. 工作区

工作区位于功能区下方的中间矩形区域，它是幻灯片的显示和编辑的主要区域。在默认的普通视图中，其左边显示的是大纲/幻灯片标签，右边显示的是幻灯片编辑区，下边是"备注窗格"。

5. 状态栏

窗口最底端显示的是"状态栏"，其功能是具体显示幻灯片的页号、主题名、中/西文方式、视图方式、显示比例等状况。

6.1.2 PowerPoint 2010 的视图方式

演示文稿可以以不同的视图方式显示，视图切换的方法有两种。

方法一：选择功能区的"视图"选项卡→"视图"选项，选择该组中的有关项目。

方法二：单击状态栏右下方的"视图"按钮。

PowerPoint 2010 的视图方式主要包括"普通视图""幻灯片浏览视图""备注页视图"和"幻灯片放映视图"等 4 种，具体功能如下。

1. 普通视图

普通视图是 PowerPoint 2010 的默认视图方式，也是主要的编辑视图，可用于设计和编辑演示文稿的总体结构或者单张幻灯片。其主要有 4 个工作区域，即"大纲标签""幻灯片标签""幻灯片窗格"和"备注窗格"，如图 6.2 所示。

图 6.2 "普通视图"窗格（显示幻灯片标签）

（1）大纲标签：该区域以大纲形式显示当前演示文稿中所有幻灯片的标题与正文内容，在此可根据实际的创作需求去计划如何表述该幻灯片，并能实现幻灯片和文本内容的移动，用户在"大纲"浏览窗格或幻灯片窗格中编辑文本内容时，将同步在另一个窗格中产生变化，如图 6.3 所示。

图 6.3 "普通视图"窗格（显示大纲标签）

（2）幻灯片标签：该区域是以缩略图的方式显示幻灯片，能更方便地查看演示文稿的基本效果，也可观看任何设计的更改效果，可以便捷地重新排列、添加或删除幻灯片。

（3）幻灯片窗格：该区域用以显示当前幻灯片的大视图。在该区域中可对当前显示的幻灯片进行编辑，如添加文本，插入图片、表格、SmartArt 图形、图表、文本框、视频、声音、超链接和动画等操作。

（4）备注窗格：该区域位于幻灯片窗格下，可以输入应用于当前幻灯片的备注信息，以在展示演示文稿时为演讲者提供参考，但备注信息不会在放映状态下显示。

2．幻灯片浏览视图

幻灯片浏览视图是以缩略图的形式显示多张幻灯片的视图，用于在 PowerPoint 2010 窗口中排列演示文稿中所有的幻灯片，包括幻灯片的标号及幻灯片的整体缩略图。在该窗口中可实现幻灯片的查找、选定、插入、复制和删除等操作，或进行幻灯片切换效果的设置，但不能对单张幻灯片进行编辑，如图 6.4 所示。

3．备注页视图

备注页视图分上下两部分显示，上半部分显示幻灯片窗格，下半部用于添加备注信息，如图 6.5 所示。

图6.4　幻灯片浏览视图

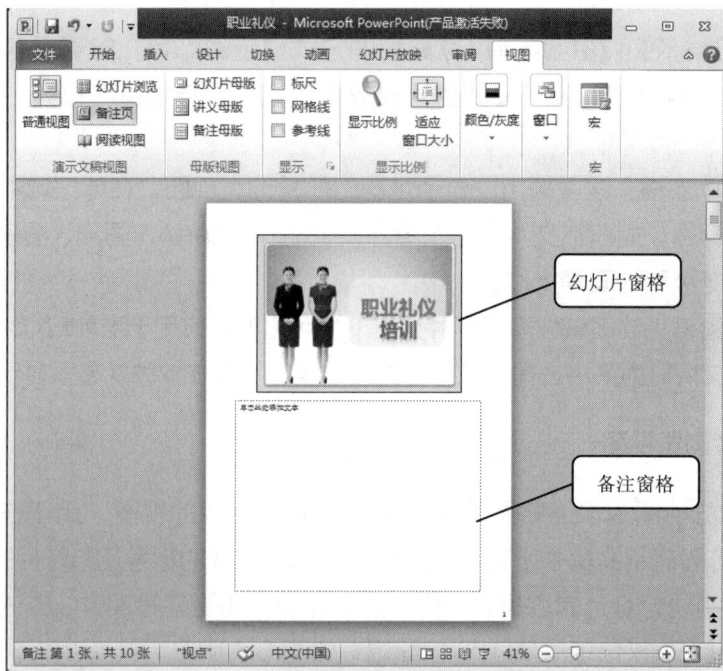

图6.5　备注页视图

4．幻灯片放映视图

　　幻灯片放映视图以全屏方式显示实际的演示效果，用于幻灯片的放映。在该视图下可通过单击鼠标实现幻灯片的切换，或按预先设置好的切换时间进行自动播放。按

【Esc】键可以退出幻灯片放映视图，或者通过单击鼠标右键，在弹出的快捷菜单中选择"结束放映"命令来退出幻灯片放映视图。

6.1.3　认识演示文稿与幻灯片

　　演示文稿和幻灯片是相辅相成的两个部分，演示文稿由幻灯片组成，两者是包含与被包含的关系。每张幻灯片又有自己独立表达的主题，是构成演示文稿的每一页。

　　演示文稿由"演示"和"文稿"两个词语组成，这说明它是用于演示某种效果而制作的文档，主要用于会议、产品展示和教学课件等领域。

6.2　任务二　制作个人工作总结演示文稿

　　在 PowerPoint 2010 的基本编辑技术中，主要应掌握以下几个操作。

　　（1）演示文稿的新建、打开、保存与关闭。

　　（2）幻灯片的新建、移动和复制、删除。

6.2.1　任务目标

　　应用 PowerPoint 2010 自带的设计主题，制作一个主题为"个人工作总结"的演示文稿，效果如图 6.6 所示。最终完成效果详见"PPT56YZ-2.pdf"。

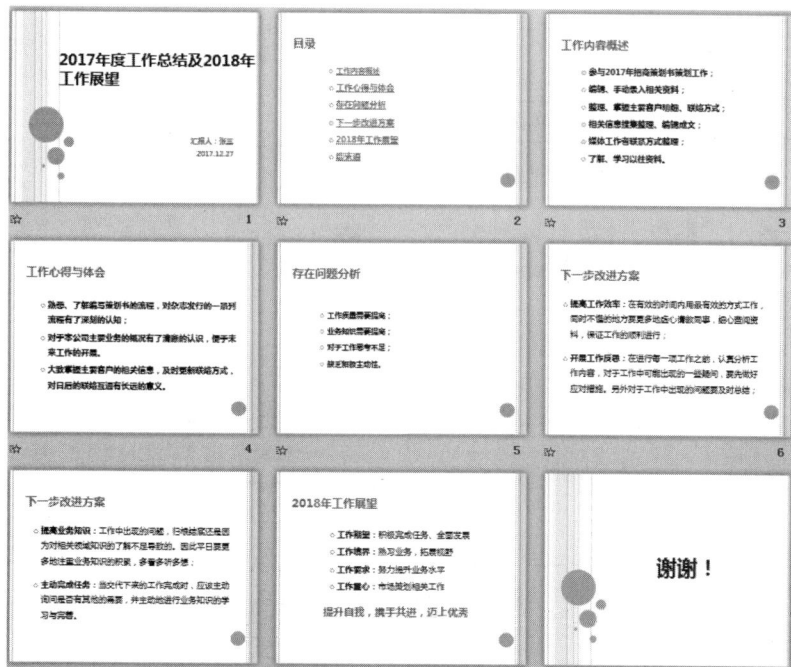

图 6.6　"个人工作总结"演示文稿

6.2.2 任务实施

（1）启动 PowerPoint 2010，新建一个以"凸显"为主题的演示文稿，然后以"个人工作总结.pptx"为名保存在桌面上。

（2）在标题幻灯片中输入演示文稿标题和副标题。

（3）新建一张"标题和内容"版式的幻灯片，编辑幻灯片目录及其内容。

（4）新建 6 张"标题和内容"版式的幻灯片，然后分别在其中输入指定的内容。

（5）适当调整各张幻灯片中文本的大小和位置。

（6）复制第 1 张幻灯片并移动到最后，修改标题文本，删除副标题文本。

（7）调整第 3 张幻灯片的位置到第 8 张幻灯片后面。

6.2.3 相关操作与知识

★ 核心知识 1：新建与保存演示文稿

STEP 1 选择【开始】→【所有程序】→【Microsoft Office】→【Microsoft PowerPoint 2010】命令，启动 PowerPoint 2010 后，选择【文件】→【新建】命令，选择"空白演示文稿"选项，单击右侧的"创建"按钮，可新建一个空白演示文稿，如图 6.7 所示。

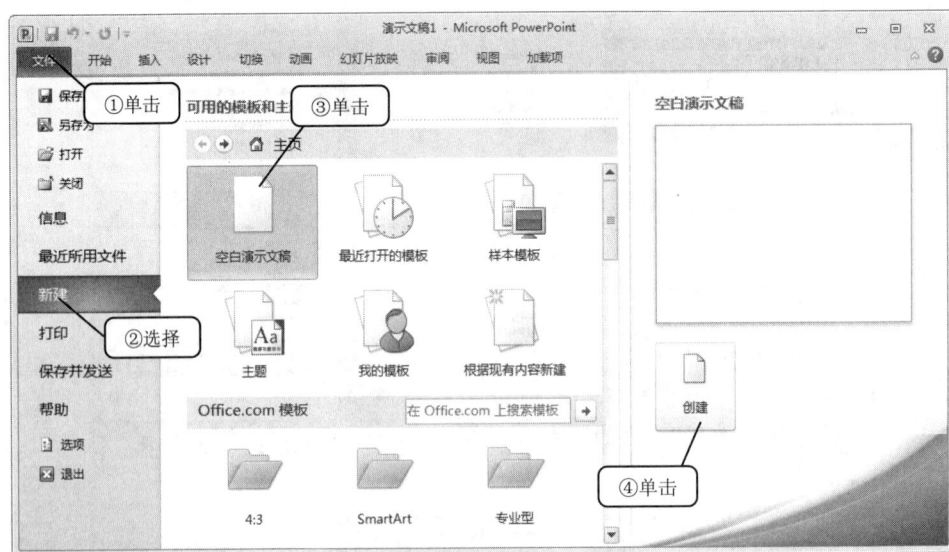

图 6.7　新建一个演示文稿

◎相关知识：

在工作界面右侧的"可用的模板和主题"栏和"Office.com 模板"栏中可选择不同的

演示文稿的新建模式，下面分别介绍工作界面右侧各选项的作用。

● 空白演示文稿。选择该选项后，将新建一个没有内容，只有一张标题幻灯片的演示文稿。此外，启动 PowerPoint 2010 后，系统会自动新建一个空白演示文稿，或在 PowerPoint 2010 界面按【Ctrl+N】组合键快速新建一个空白演示文稿。

● 最近打开的模板。选择该选项后，将在打开的窗格中显示用户最近使用过的演示文稿模板，选择其中的一个，将以该模板为基础新建一个演示文稿。

● 样本模板。选择该选项后，将在右侧显示 PowerPoint 2010 提供的所有样本模板，选择一个后单击"创建"按钮，将新建一个以选择的样式模板为基础的演示文稿。此时演示文稿中已有多张幻灯片，并有设计的背景、文本等内容。可方便用户依据该样本模板，快速制作出类似的演示文稿效果。

● 主题。选择该选项后，将在右侧显示提供的主题选项，用户可选择其中的一个选项进行演示文稿的新建。通过"主题"新建的演示文稿只有一张标题幻灯片，但其中已有设置好的背景及文本效果，因此同样可以简化用户的设置操作。

● 我的模板。选择该选项后，将打开"新建演示文稿"对话框，在其中选择用户以前保存为 PowerPoint 模板文件的选项（关于保存为 PowerPoint 模板文件的方法将在后面详细讲解），单击 确定 按钮，完成演示文稿的新建。

● 根据现有内容新建。选择该选项后，将打开"根据现有演示文稿新建"对话框，选择以前保存在计算机磁盘中的任意一个演示文稿，单击 新建(C) 按钮，将打开该演示文稿，用户可在此基础上修改制作成自己的演示文稿效果。

● "Office.com 模板"栏。该栏下列出了多个文件夹，每个文件夹均是一类模板，选择一个文件夹，将显示该文件夹下的 Office 网站上提供的所有该类演示文稿模板。选择一个需要的模板类型后，单击"下载"按钮，将自动下载该模板，然后以该模板为基础新建一个演示文稿。需注意的是，要使用"Office.com 模板"栏中的功能需要计算机连接网络后才能实现，否则无法下载模板并进行演示文稿的新建。

STEP 2 选择"设计"选项卡，打开"主题"样式列表，选择"凸显"主题样式，如图 6.8 所示。

◎相关知识：

主题是系统自带的一组包含了背景、字体格式、占位符等属性的预设组合模板，在新建演示文稿时可以使用主题新建，对于已经创建好的演示文稿，也可对其应用主题。应用主题后还可以修改搭配好的颜色、效果及字体等。

STEP 3 选择【文件】→【另存为】，在保存类型列表框中单击选择所要保存的文件类型为"PowerPoint 演示文稿（*.pptx）"。将文件以另一个文件名"个人工作总结.pptx"保存在作业文件夹中，如图 6.9 所示。

◎相关知识：

制作好的演示文稿应及时保存在计算机中，同时用户应根据需要选择不同的保存类型，以满足实际的需求。PowerPoint 2010 延续了上一版本的多种文件支持格式，简单列举如下。

图 6.8　设计主题样式列表

- *.pptx：PowerPoint 2007-2010 演示文稿。
- *.ppt：PowerPoint 97-2003 演示文稿。
- *.pptm；启用了宏的 PowerPoint 2010 演示文稿。
- *.potx：PowerPoint 2010 模板。
- *.potm：启用了宏的 PowerPoint 2010 模板。
- *.ppsx：PowerPoint 2010 放映文件。
- *.ppsm：启用了宏的 PowerPoint 2010 放映文件。

STEP 4 在标题幻灯片的标题占位符中输入演示文稿标题文本"2017 年度工作总结及 2018 年工作展望"，在副标题文本占位符中输入副标题"汇报人：张三；2017.12.27"。幻灯片中的占位符如图 6.10 所示。

◎相关知识：

占位符，即为相关内容占用某个固定位置的对象，表现为幻灯片中的一个虚线框，并附有"单击此处添加标题"之类的提示，用户可以在其内部添加内容。PPT 中常见的占位符类型如图 6.11 所示。

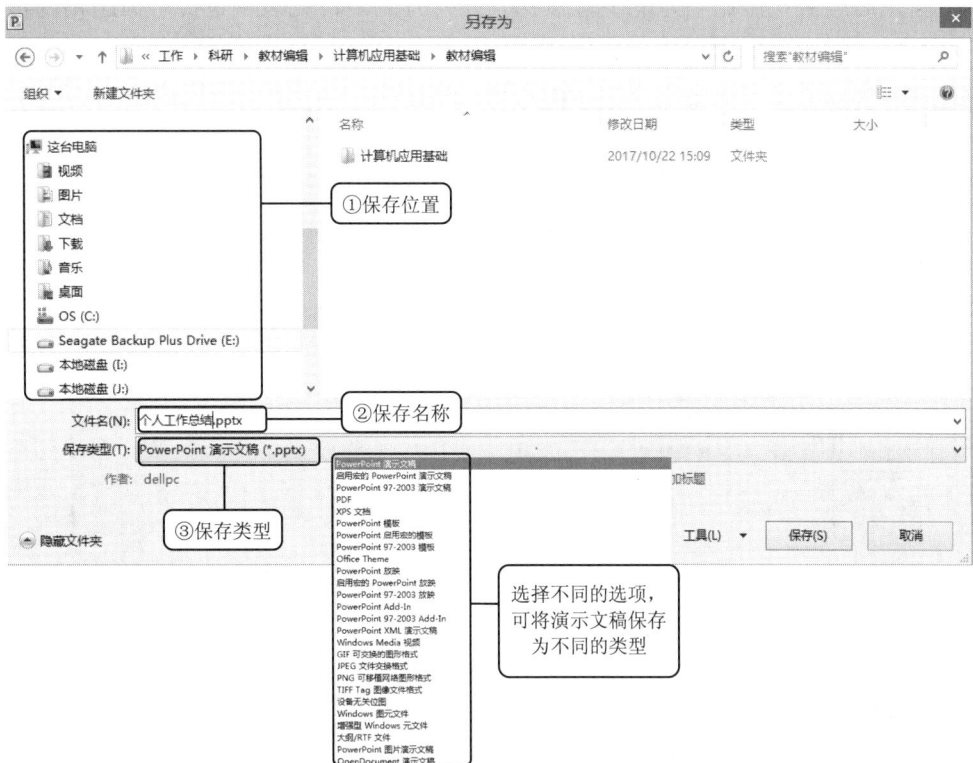

图 6.9　保存相关的选项

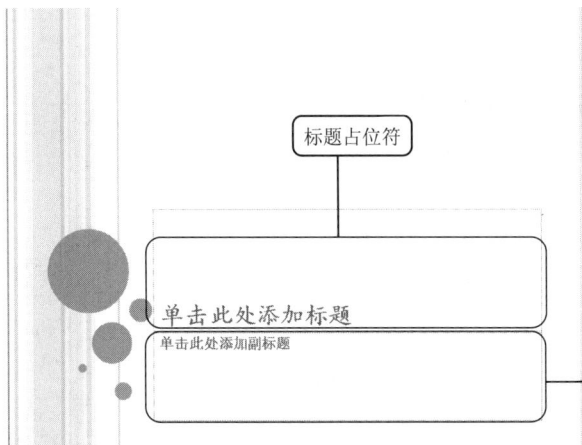

图 6.10　幻灯片中的占位符

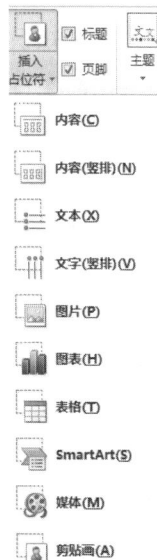

图 6.11　常见占位符类型

★ 核心知识 2：新建幻灯片

STEP 1 在"幻灯片"浏览窗格中选定标题幻灯片后，选择【开始】→【幻灯片】组，单击"新建幻灯片"按钮下方的下拉按钮，在打开的下拉列表中选择"标题和内容"选项，在标题幻灯片后新建一张"标题和内容"版式的幻灯片，如图 6.12 所示，并在标题占位符和内容占位符中输入目录页的标题和内容。

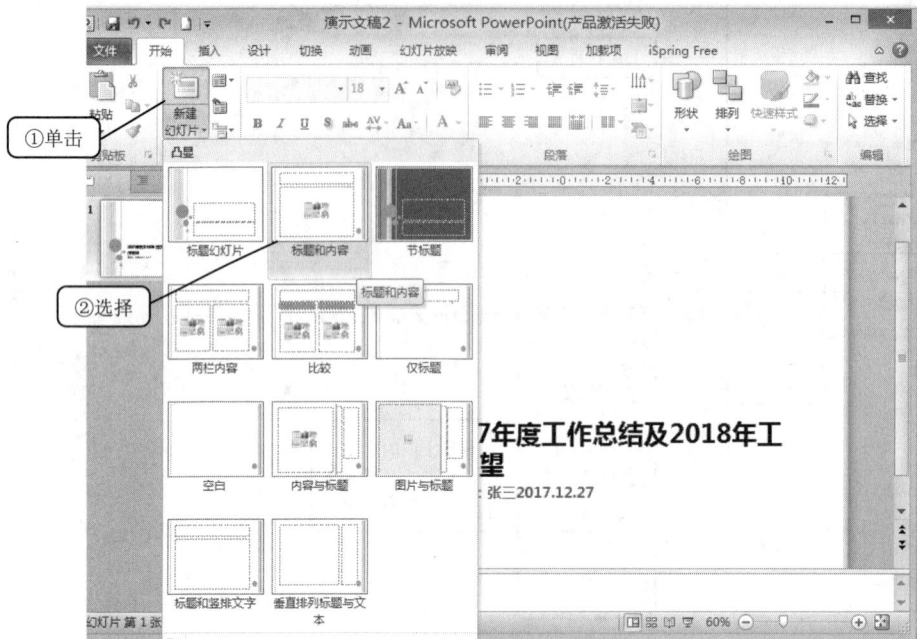

图 6.12　选择幻灯片版式

◎相关知识：

创建的空白演示文稿默认只有一张标题幻灯片，紧接其后的其他幻灯片就需要新建。用户可以根据需要在演示文稿的任意位置新建幻灯片。常用的新建幻灯片的方法主要有如下 3 种。

● 通过快捷菜单新建。在工作界面左侧的"幻灯片"浏览窗格中需要新建幻灯片的位置处单击鼠标右键，在弹出的快捷菜单中选择"新建幻灯片"命令。

● 通过选项卡新建。版式用于定义幻灯片中内容的显示位置，用户可根据需要向里面放置文本、图片以及表格等内容。选择【开始】→【幻灯片】组，单击"新建幻灯片"按钮下方的下拉按钮，在打开的下拉列表框中选择新建幻灯片的版式，将新建一张带有版式的幻灯片，默认的幻灯片版式有 11 种，如图 6.13 所示。

图 6.13　默认的幻灯片版式

● 通过快捷键新建。在幻灯片窗格中，选择任意一张幻灯片的缩略图，按【Enter】键将在选择的幻灯片后新建一张与所选幻灯片版式相同的幻灯片。

STEP 2 在"幻灯片"浏览窗格中选择第 2 张幻灯片，连续按 6 次【Enter】键，将新建 6 张同样版式的幻灯片，然后依次在各张幻灯片的标题和内容占位符中输入"2018 年工作展望""工作内容概述""工作心得与体会""存在问题分析""下一步改进方案""结束语"的具体内容，并适当调整文本的大小和位置。

★ 核心知识 3：编辑和格式化文本

STEP 1 选择第 3 张幻灯片，选择"插入"选项卡，单击"文本框"按钮下方的下拉按钮，在打开的下拉列表框中选择新建文本框的类型，如图 6.14 所示。在幻灯片中绘制文本框，在文本框中输入"提升自我，携手共进，迈上优秀"。

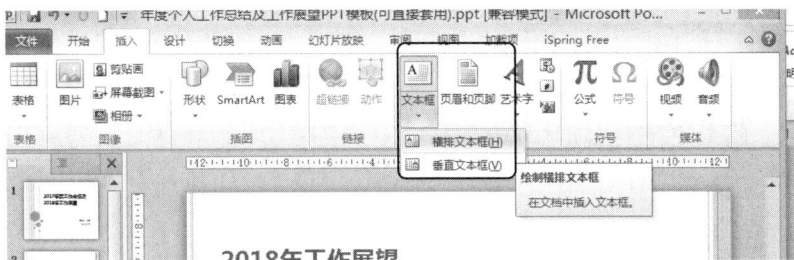

图 6.14　插入文本框

STEP 2 选定插入的文本框，选择【绘图工具】→【格式】选项卡，单击"形状填充""形状轮廓"按钮下方的下拉按钮，在打开的下拉列表框中选择相应的操作命令，将文本框属性设置为"无填充颜色""无轮廓"，如图 6.15 所示。

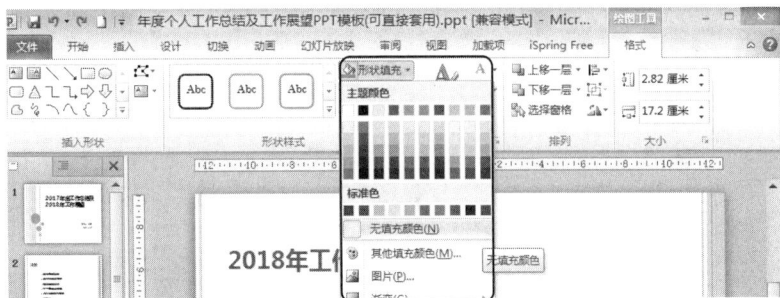

图 6.15　文本框的格式设置

★ 核心知识 4：复制和移动幻灯片

STEP 1 选择第 1 张幻灯片，单击鼠标右键，在打开的快捷菜单中选择"复制幻灯片"命令，如图 6.16 所示，则在该张幻灯片后新增加一张幻灯片，其内容与所复制的幻灯片完全相同。

STEP 2 选择新复制的幻灯片，用鼠标左键拖动至最后并释放鼠标，此时第 2 张幻灯片将移动到第 8 张幻灯片后，修改标题文本内容为"谢谢！"，删除副标题文本。

157

图 6.16　复制幻灯片

提 示 将副标题占位符中的文本删除后，将显示"单击此处添加副标题"文本，此时可不理会，在放映时将不会显示其中的内容。用户也可选择该占位符，按【Delete】键将其删除。

STEP 3 切换至幻灯片浏览视图，选择第 3 张幻灯片，用鼠标左键拖动至第 8 张幻灯片后释放鼠标，则实现了幻灯片位置的移动，如图 6.17 所示，完成整个演示文稿的制作。

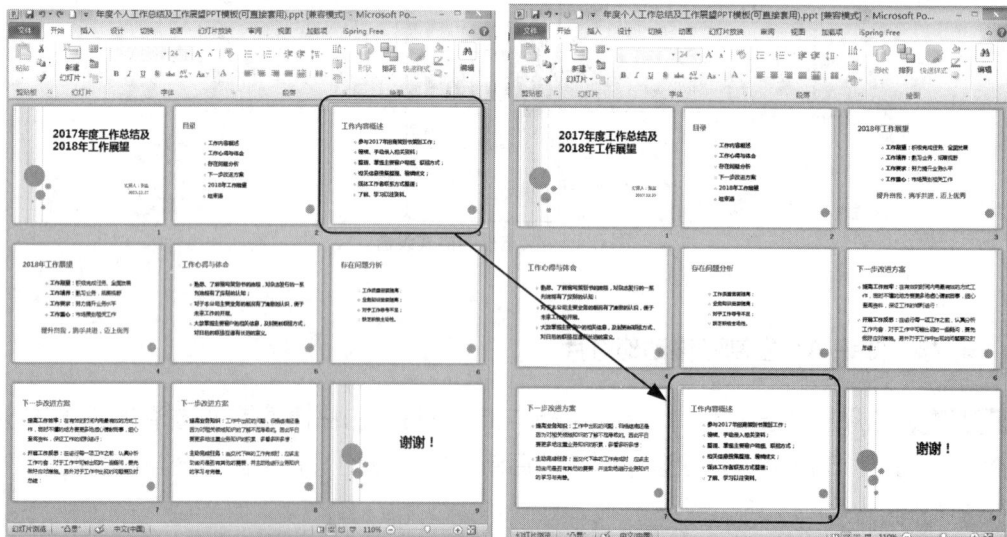

图 6.17　幻灯片浏览视图下移动幻灯片

6.3 任务三 制作"职业礼仪"培训课件

在幻灯片对象的布局技术中，主要应掌握以下几个操作。

（1）幻灯片文本的应用。

（2）艺术字的应用。

（3）图片的应用。

（4）形状的应用。

（5）表格的应用。

（6）SmartArt 图形的应用。

（7）音频的应用（知识拓展）。

6.3.1 任务目标

创建一个内容为"职业礼仪"的培训课件，效果如图 6.18 所示。整个演示文稿由"封面、目录、正文主体和结束页面"共 4 个部分构成，要求综合使用文本、艺术字、图片、表格、SmartArt 图形、自选图形等多种对象布局幻灯片，同时为演示文稿添加背景音乐，实现演示文稿的图、文、声并茂，最终完成效果详见"PPT518YZ.pdf"。

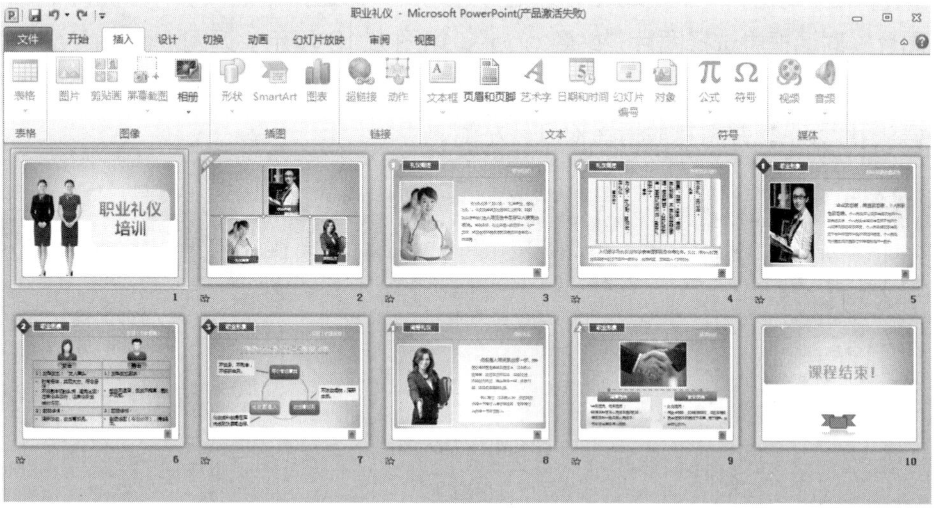

图 6.18 "职业礼仪"培训课件

6.3.2 任务实施

（1）启动 PowerPoint 2010，新建一个以"视点"为设计主题的演示文稿，然后以"职业礼仪.pptx"为名保存在桌面上。

（2）在封面幻灯片（第一张幻灯片）中插入图片和艺术字，并设置图片的阴影效果和艺术字的颜色渐变效果。

（3）在目录幻灯片（第二张幻灯片）中通过应用线条、形状等自选图形和插入图片完成页面布局。

（4）在正文主体幻灯片页面（第 3~8 张幻灯片）中应用图片、自选图形、文本、表格、SmartArt 图形完成页面布局。

（5）在结束页面（最后一张幻灯片）中应用文本、自选图形完成页面布局。

6.3.3 相关操作与知识

★ 核心知识1：插入图片

STEP 1 选择【开始】→【所有程序】→【Microsoft Office】→【Microsoft PowerPoint 2010】命令，启动 PowerPoint 2010 后，选择【文件】→【新建】命令，选择"空白演示文稿"选项，新建一个空白演示文稿。

STEP 2 选择"设计"选项卡，打开"主题"样式列表，选择"视点"主题样式，选择【文件】→【另存为】命令，将文件以另一个文件名"职业礼仪.pptx"保存在作业文件夹中。

STEP 3 在"幻灯片"浏览窗格中选定标题幻灯片，选择【插入】→【图片】命令，在"插入图片"对话框中选择图片"站姿.png"，如图 6.19 所示。返回 PowerPoint 工作界面即可看到插入图片后的效果，将鼠标指针移动到图片四角的圆形控制点上，拖动鼠标等比例调整图片大小，并将其放置在幻灯片左侧。

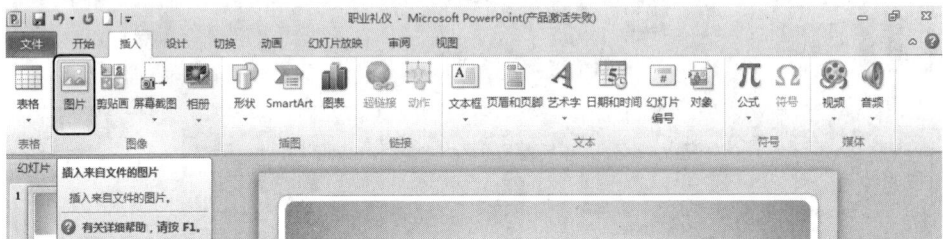

图 6.19 插入图片

◎相关知识：

图片是演示文稿中非常重要的一部分，在幻灯片中可以插入计算机中保存的图片，也可以插入 PowerPoint 自带的剪贴画。当选择图片、文本框、艺术字以及形状等对象后，在对象的四周、中间以及上面都会出现控制点，拖动对象四角的控制点可等比例放大或缩小对象；拖动对象四边中间的控制点，可向一个方向缩放对象；拖动对象上方的绿色控制点，可旋转对象。

STEP 4 选定插入的图片,选择【格式】→【图片效果】→【阴影】,并设置阴影效果为"右下斜偏移",如图 6.20 所示,通过阴影的设置增加图片的层次感。

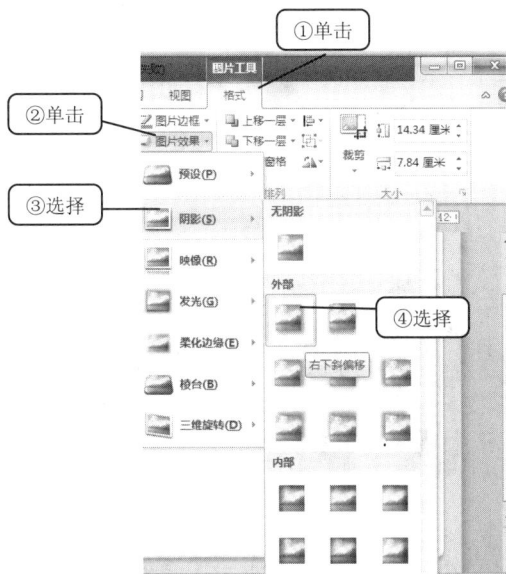

图 6.20　图片效果格式设置相关命令

★ **核心知识 2:插入艺术字**

STEP 1 选择【插入】→【文本】组,单击"艺术字"按钮下方的下拉按钮,在打开的下拉列表框中选择第 5 排的第 3 列艺术字效果,如图 6.21 所示。在"请在此放置您的文字"占位符中单击鼠标左键,输入"职业礼仪培训"。

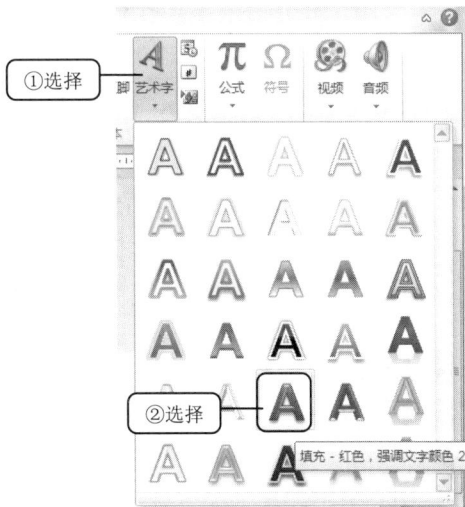

图 6.21　插入艺术字

STEP 2 选择"职业礼仪培训"文本,选择【开始】→【字体】组,设置字体为"微软雅黑"，字号为"66"，修改艺术字的字体，如图 6.22 所示。

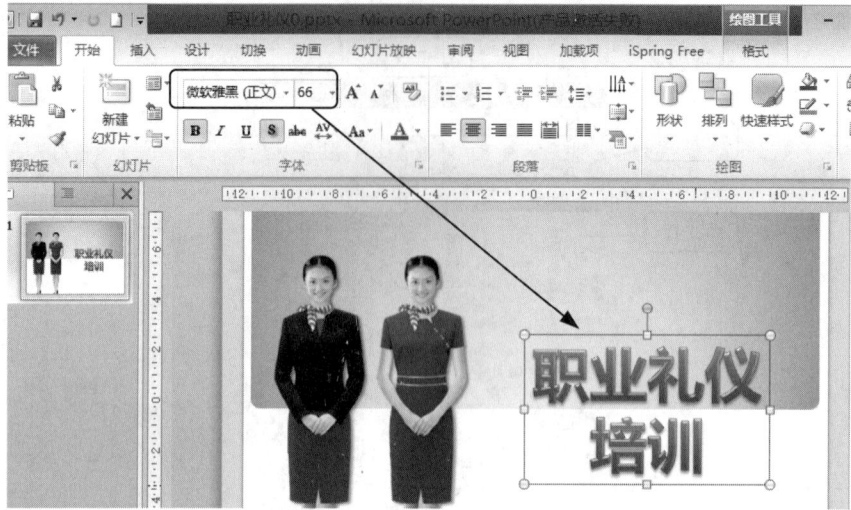

图 6.22　修改艺术字的字体

STEP 3　选择"职业礼仪"文本，选择【格式】→【艺术字样式】组，设置"文本填充"为"渐变"，在下拉列表中选择"其他渐变"，在弹出的"设置文本效果格式"对话框中，选择"文本填充"选项卡，从左到右依次更改渐变光圈中的 3 个光圈颜色值为"橙色，强调文字颜色 1，淡色 60%""橙色，强调文字颜色 1，淡色 40%""橙色，强调文字颜色 1，深色 25%"，如图 6.23 所示。"培训"文本则用同样的方法调节出灰色渐变的效果。

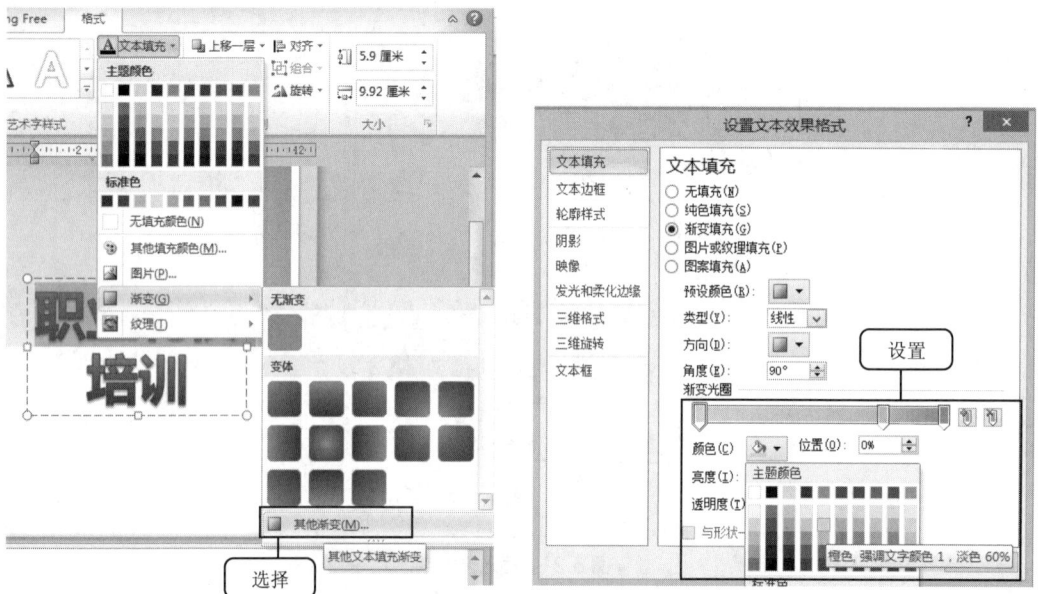

图 6.23　设置文本效果格式

◎相关知识：

选择输入的艺术字，在激活的"格式"选项卡中还可设置艺术字的多种效果，其设置方法基本类似，如选择【格式】→【艺术字样式】组，单击 ⒜文本效果·按钮，在打开的下拉列表中选择"转换"选项，在打开的子列表中将列出所有变形的艺术字效果，选择任意一个，即可为艺术字设置该变形效果。

★ 核心知识 3：绘制形状

STEP 1 选择【插入】→【插图】组，选择"形状"选项，在下拉列表中选择"圆角矩形"工具，在幻灯片窗格中绘制一个圆角矩形，选定圆角矩形，选择【格式】→【形状格式】组，在"形状填充"选项中设置形状颜色为白色，选定其单击鼠标右键，在弹出的快捷菜单中选择"设置形状格式"，在弹出的对话框中设置透明度为"20%"。再次单击鼠标右键，在快捷菜单中选择【置于底层】→【下移一层】命令，如图 6.24 所示。

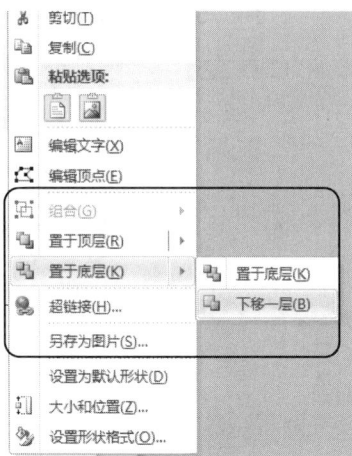

图 6.24　调整对象层次

STEP 2 新建一个"仅标题"版式幻灯片作为目录页，选择【插入】→【插图】组，选择"形状"选项，在下拉列表中选择"梯形"工具，在幻灯片窗格中绘制一个梯形，选定梯形，如图 6.25 所示。

STEP 3 选择【格式】→【形状格式】组，在"形状填充"选项中设置形状颜色为橙色渐变的效果，在"形状轮廓"选项中设置形状轮廓色为"无轮廓"，如图 6.26 所示。通过调节控制点将其旋转一定角度后放置到页面的左上角，单击鼠标右键，在弹出的快捷菜单中选择"编辑文字"命令，编辑形状文字内容为"目录页"。

STEP 4 选择【插入】→【插图】组，选择"形状"选项，在下拉列表中选择"直线"工具，在幻灯片窗格中绘制一条水平直线和一条垂直直线。

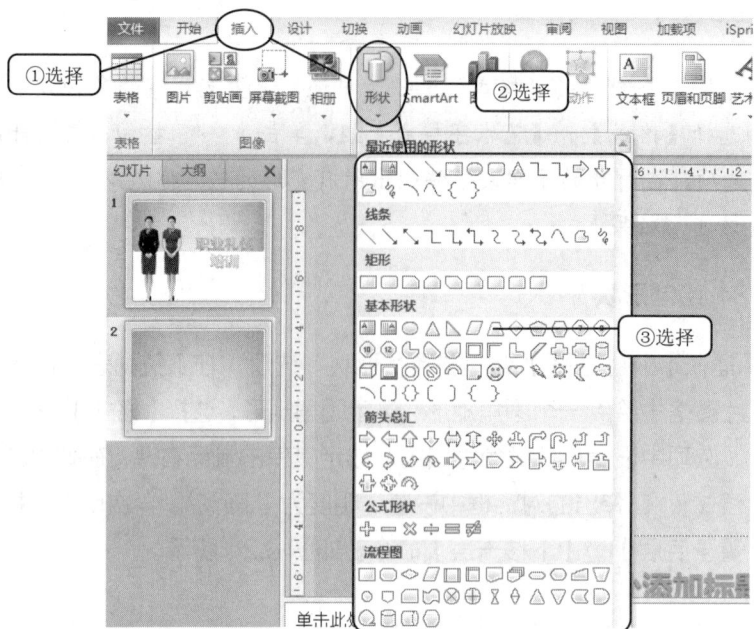

图 6.25　插入形状

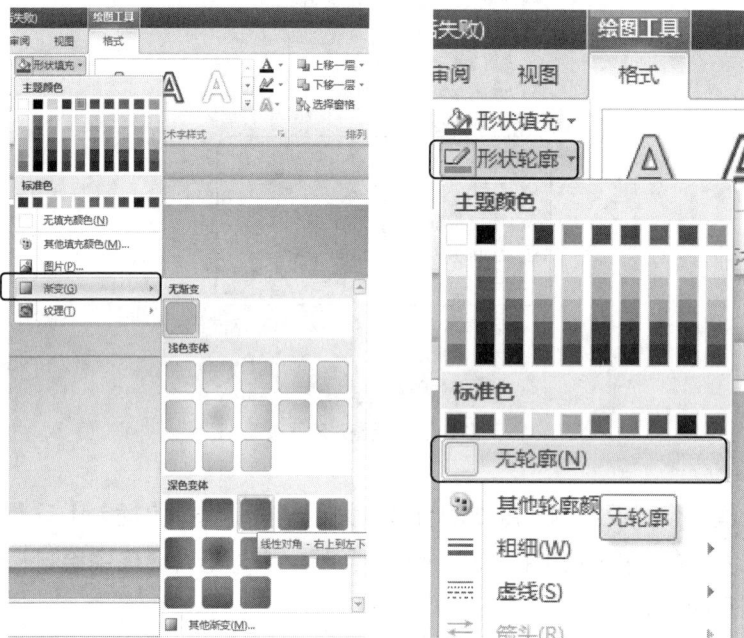

图 6.26　设置形状填充和形状轮廓

STEP 5 选定水平直线，选择【格式】→【形状格式】组，在"形状轮廓"选项中设置直线的颜色和粗细；选定垂直直线，选择【格式】→【形状格式】组，在"形状轮廓"选项中设置直线的线条款式为"圆点"，如图 6.27 所示。

STEP 6 用相同的方法绘制一个圆形，选择【格式】→【形状格式】组，在"形状填充色"选项中设置颜色为"白色"，在"形状轮廓"选项中设置颜色为"橙色"。

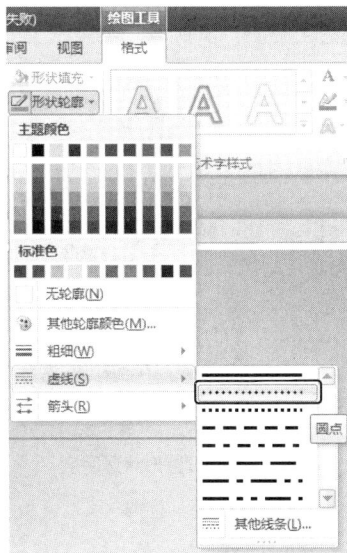

图 6.27　更改线形

STEP 7 将绘制的圆形放置在垂直虚线的一端，同时选中圆形和虚线，单击鼠标右键，在弹出的快捷菜单中选择"组合"命令，将两者组合成一个对象，并复制出两个副本，将其中一个通过控制点旋转 90 度，适当移动各对象的位置，效果如图 6.28 所示。

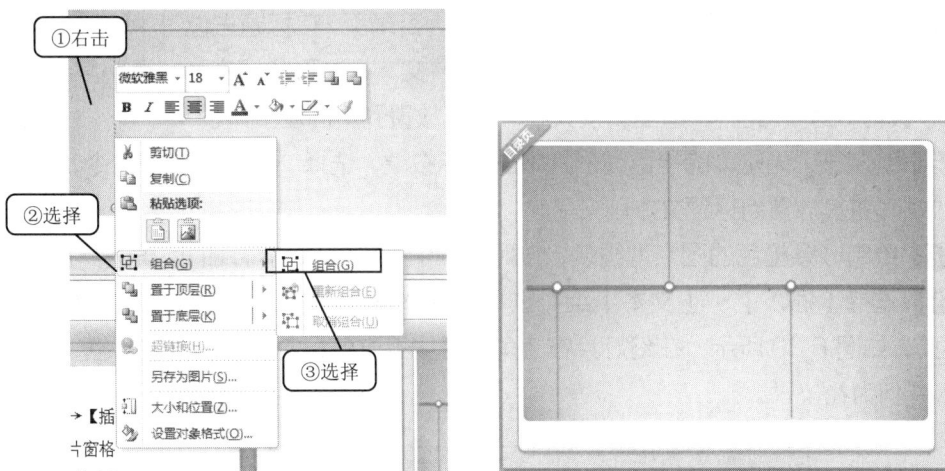

图 6.28　组合图形

STEP 8 插入"礼仪概述.png""职业形象.png""商务礼仪.png"3 张图片，分别放置在3 条虚线右侧。

STEP 9 绘制一个矩形，设置其形状填充色为黑色，选定其并单击鼠标右键，在弹出的快捷菜单中选择"设置形状格式"命令，在弹出的对话框中设置透明度为"50%"，复制两个副本后分别编辑形状的文字内容为"礼仪概述""职业形象""商务礼仪"，如图 6.29所示。

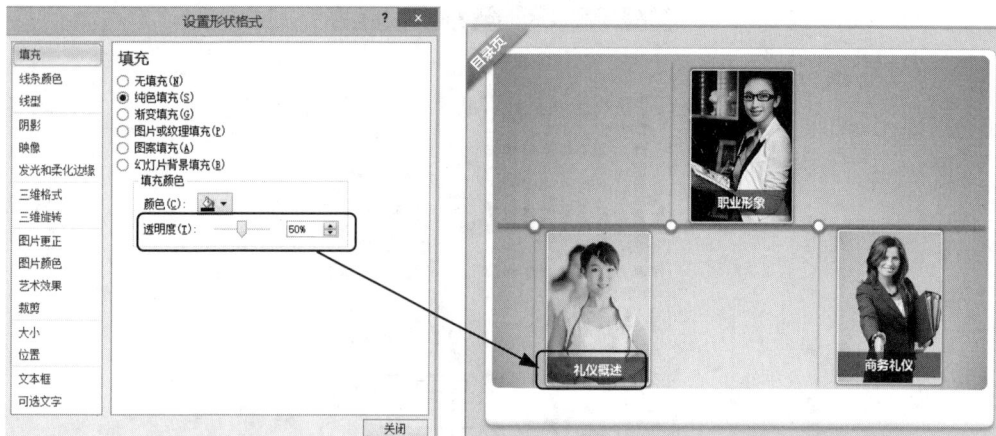

图 6.29　设置形状透明度

◎相关知识：

　　关于形状的所有设置都可以通过打开的"设置形状格式"对话框来完成。除了形状之外，在图形、艺术字和占位符等形状上单击鼠标右键，在弹出的快捷菜单中选择"设置形状格式"命令，也会打开对应的设置对话框，在其中也可进行样式的设置。

★ 核心知识 4：添加文本

STEP 1 新建一个"标题和内容"版式幻灯片作为目录页，在标题占位符中输入文本"礼仪概述"，设置字体为"微软雅黑"白色字体；设置文本框的形状填充为"透明度 50％的黑色"，形状轮廓为"白色"，适当调整大小并将其放置到页面左上角。

STEP 2 绘制一个无轮廓的橙色圆形，单击鼠标右键，选择"编辑文字"命令，添加形状文字"1"，将其放置到标题文本前方。

STEP 3 绘制 3 条橙色的圆点型线条，按照样张中的第 3 张幻灯片的效果进行布局。

STEP 4 选择【插入】→【文本】组，选择"文本框"选项，在下拉列表中选择"横排文本框"，如图 6.30 所示，在幻灯片右上角的虚线上方处绘制一个横排文本框，在文本框内输入"何为礼仪？"。

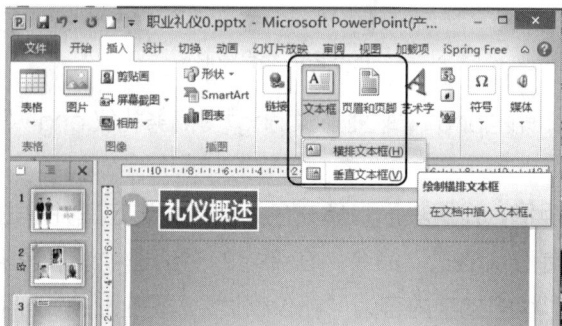

图 6.30　插入文本框

STEP 5 选择【插入】→【插图】组，选择"图片"选项，插入图片"礼仪概述.png"，适当调整大小并放置到幻灯片页面的左侧。

STEP 6 选中内容文本占位符，调整大小并放置到幻灯片右侧，设置占位符的形状填充为"透明度 20%的白色"，删除内容占位符中的项目符号后将文字内容输入到文本占位符中。

STEP 7 设置内容文本的格式为"灰色""20 号"，并将其中要突出强调的文字内容设置为"蓝色""25 号"，如图 6.31 所示。

图 6.31　设置文本格式

◎相关知识：

选择【开始】→【字体】组，单击右下角的 ▫ 按钮，打开"字体"对话框，在"字体"选项卡中可设置字体格式，在"字符间距"选项卡中可设置字与字之间的距离，如图 6.32 所示。

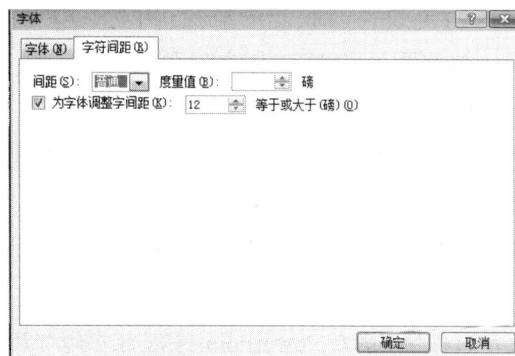

图 6.32　"字体"对话框

◎相关知识：

文字是演示文稿中最基本的构成元素之一，其搭配效果的好坏与否，直接影响演示文稿的可读性和演示效果，下面介绍 5 个常见的字体设计原则。

● 同一幻灯片中选用的字体种类不宜超过 3 种，观众较多的大型场合应采用笔画简洁的无衬线字体。

● 标题字体的粗细和大小应与正文字体有所不同，以区分主次，还应考虑标题字体和正文字体的搭配效果以及清晰度。

● 在较正式的场合，应使用较正规的字体，如标题使用方正粗宋简体、微软雅黑等；在一些相对较轻松的场合，其字体可更随意一些，如楷体和方正卡通简体等；常用英文字体为 Arial 与 Times New Roman 两种。

● 幻灯片中文字较多时，需要设置一定的字间距、行间距和段间距（如图 6.33 所示），段间距应大于行间距。

● 需要突出强调的文字内容可设置特殊颜色或者增大字号。

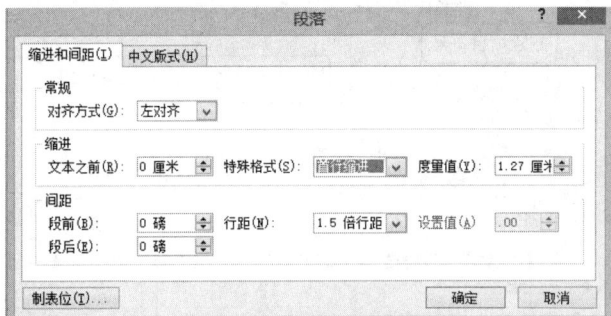

图 6.33 "段落"对话框

★ **核心知识 5：插入表格**

STEP 1 选定第 3 张幻灯片，单击鼠标右键，在快捷菜单中选择"复制幻灯片"命令，则在其下方生成一张相同的幻灯片，将标题前方的黄色圆形更换为红色菱形，形状文字更改为"2"，将标题内容更改为"职业形象"，将文本框中的副标题文字内容更改为"仪容（发肤容貌）"，并将图片和内容占位符删除。

STEP 2 选择【插入】→【表格】组，选择"插入表格"选项，在"插入表格"对话框中设置列数为 2，行数为 5，则在幻灯片编辑窗格中生成一个 5 行 2 列的表格，如图 6.34 所示。

STEP 3 选中表格，选择表格工具【设计】→【表格样式】组，在样式列表中选择"中度样式 2-强调 1"选项，如图 6.35 所示。在表格各单元格中输入文字内容。

◎相关知识：

表格可直观形象地表示数据情况，在 PowerPoint 中既可在幻灯片中插入表格，也能对插入的表格进行编辑和美化。在实际操作过程中，当选中需要操作的单元格或表格时，便可自动激活"设计"选项卡和"布局"选项卡，其中"设计"选项卡与美化表格相关，"布局"选项卡与表格的框架和内容相关，在这两个选项卡中选择其中的选项、按钮即可设置不同的表格效果。

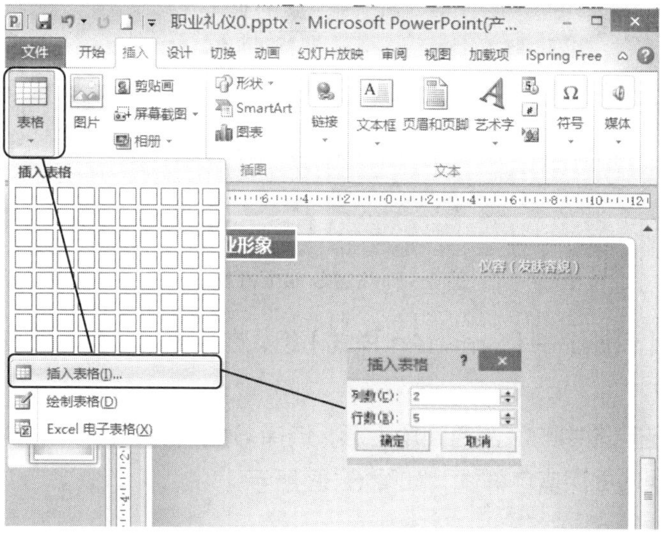

图 6.34　插入表格

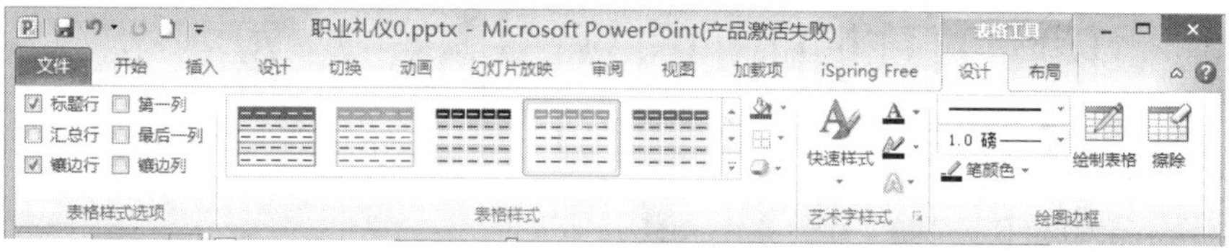

图 6.35　设置表格样式

★ 核心知识 6：插入 SmartArt 图形

STEP 1　新建幻灯片，选择【插入】→【插图】组，选择"SmartArt 图形"选项，在弹出的"选择 SmartArt 图形"对话框中选择【循环】→【不定向循环】，在幻灯片编辑窗格中生成一个含有 5 个圆角矩形的不定向循环图，如图 6.36 所示。

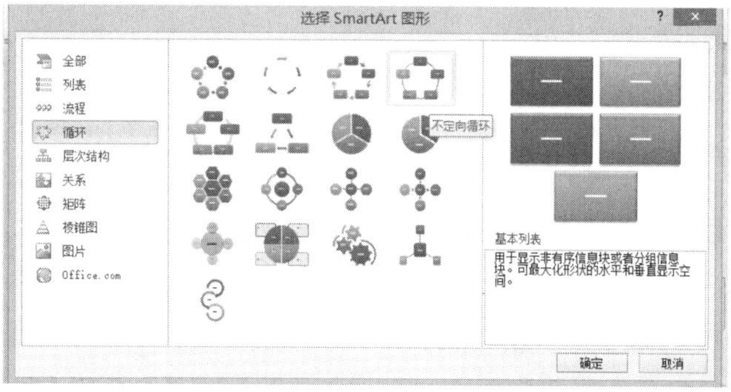

图 6.36　选择 SmartArt 图形

STEP 2　删除所插入的不定向循环图的其中 2 个圆角矩形，选择【设计】→【SmartArt

样式】组，在样式列表中选择"嵌入"，如图 6.37 所示。

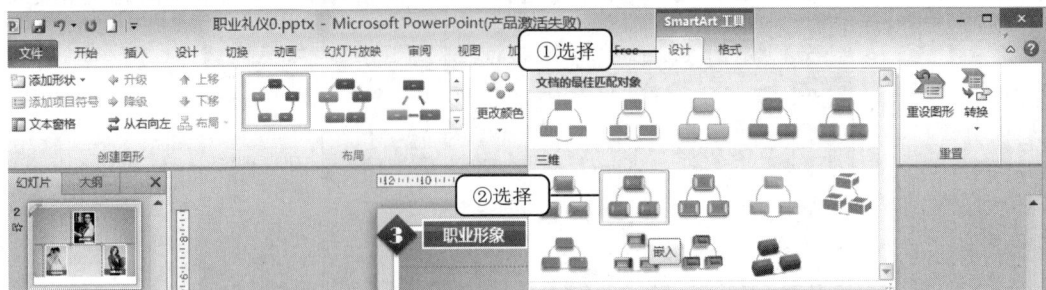

图 6.37　设置 SmartArt 样式

STEP 3 选择【设计】→【SmartArt 样式】组，在"更改颜色"列表中选择"彩色-强调文字"。

STEP 4 依次选定图中的深蓝色圆角矩形，选择 SmartArt 工具【格式】→【形状样式】组，在样式列表中选择深蓝色样式，如图 6.38 所示。

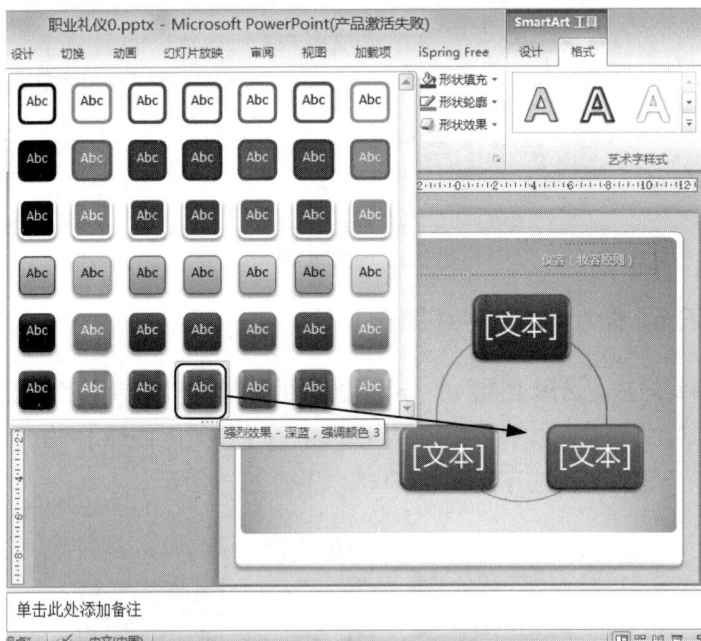

图 6.38　更改 SmartArt 图形中形状的效果

STEP 5 在 SmartArt 图形的各形状中输入相应的文字内容。

◎相关知识：

PowerPoint 2010 提供了 9 种图形类型：

- 列表型：显示非有序信息或分组信息，主要用于强调信息的重要性。
- 流程型：表示任务流程的顺序或步骤。
- 循环型：表示阶段、任务或事件的连续序列，主要用于强调重复过程。

- 层次结构型：用于显示组织中的分层信息或上下级关系，最广泛地应用于组织结构图。
- 关系型：用于表示两个或多个项目之间的关系，或者多个信息集合之间的关系。
- 矩阵型：用于以象限的方式显示部分与整体的关系。
- 棱锥图型：用于显示比例关系、互连关系或层次关系。
- 图片型：主要应用于包含图片的信息列表。
- Office.com：Microsoft Office 网站在线提供的一些 SmartArt 图形。

STEP 6 应用上述关于文本、图片、表格和形状的制作方法，按照样张效果完成本演示文稿中第 4～10 页的对象布局。

◎相关知识：

幻灯片中除了文本之外，还包含图片、形状和表格等对象，在演示文稿中的各张幻灯片中综合使用并有效地布局这些对象元素，不仅可以使演示文稿更加美观，更重要的是可以有效提高演示文稿的说服力。幻灯片中的各个对象在布局时，可考虑如下 5 个原则：

- 画面平衡。布局幻灯片时应尽量保持幻灯片页面的平衡，避免左重右轻、右重左轻或头重脚轻的现象，使整个幻灯片画面更加协调。
- 布局简单。虽然说一张幻灯片是由多种对象组合在一起的，但在一张幻灯片中对象的数量不宜过多，否则幻灯片就会显得很复杂，不利于信息的传递。
- 统一和谐。同一演示文稿中各张幻灯片的标题文本的位置、文字采用的字体、字号、颜色和页边距等应尽量统一，不能随意设置，以避免破坏演示文稿的整体效果。
- 强调主题。要想使观众快速、深刻地对演示文稿中表达的内容产生共鸣，可通过颜色、字体以及样式等手段对演示文稿中要表达的核心部分和内容进行强调，以引起观众的注意。
- 内容简练。演示文稿只是辅助演讲者传递信息，而且人在短时间内可接收并记忆的信息量并不多，因此，在一张幻灯片中只需列出要点或核心内容。

★ **核心知识 7：插入媒体对象**

STEP 1 选择第 1 张幻灯片，选择【插入】→【媒体】组，单击"音频"按钮🔊，如图 6.39 所示，在打开的下拉列表中选择"文件中的音频"选项。

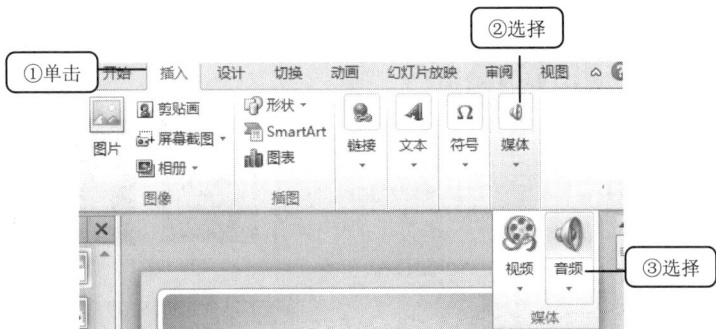

图 6.39　插入音频

STEP 2 在打开的"插入音频"对话框中，在上方的下拉列表框中选择背景音乐的存放位置，在中间的列表框中选择背景音乐，单击"插入"按钮。

STEP 3 自动在幻灯片中插入一个声音图标 ◀，选择该声音图标，将激活音频工具，选择【播放】→【预览】组，单击"播放"按钮▶，将在 PowerPoint 中播放插入的音乐。

STEP 4 选择【播放】→【音频选项】组，在"开始"下拉列表框中选择"跨幻灯片播放"选项，单击选中"放映时隐藏"复选框，单击选中"循环播放，直到停止"复选框，如图 6.40 所示。

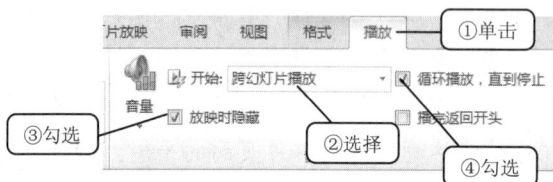

图 6.40 设置音频播放属性

◎相关知识：

选择【插入】→【媒体】组，单击"音频"按钮，或单击"视频"按钮，在打开的下拉列表中选择相应选项，即可插入相应类型的音频和视频文件。插入音频文件后，选择声音图标，将在图标下方自动显示声音工具栏，单击对应的按钮，可对声音执行播放、前进、后退和调整音量大小的操作。

6.3.4 拓展实训

按照任务要求完成一个"人生规划.pptx"演示文稿封面和目录页的设计与制作，并保存在桌面上，效果如图 6.41 所示。

图 6.41 "人生规划"演示文稿效果图

任务要求

1. 封面设计与制作

（1）使用主题"奥斯汀"新建演示文稿。

（2）在标题幻灯片中的主标题中输入"人生需要规划"，设置字体格式为"黑体、加粗、48 号"，在副标题中输入"——做自己人生的导演"，设置右对齐。

（3）在标题上方插入位于素材文件夹中的图片"人生规划.jpg"。

2. 目录页设计与制作

（1）新建一张版式为"仅标题"的幻灯片，在标题占位符中输入"我的规划设计"，设置字体格式为"微软雅黑、加粗、40 号、白色"，并移动到如图所示的位置。

（2）插入 3 个大小相同的矩形，并设置填充色为"灰白渐变填充"。

（3）插入 3 个横排文本框，分别输入"解读人生""人生规划内涵""人生规划过程"，设置字体格式为"微软雅黑、20 号、浅绿色"，并分别将文字放置在 3 个文本框上方。

（4）在 3 个矩形框下方分别插入位于素材文件夹中的图片"解读人生.jpg""人生规划内涵.jpg""人生规划过程.jpg"。

（5）插入一条直线、两个圆形，均设置为橙色，将 3 者进行组合，复制若干个组合对象，分别布局在图片上方，效果如图 6.41 所示。

6.4　任务四　制作演示文稿片头的动画

在演示文稿的动画设置操作中，应掌握以下几个操作。

（1）幻灯片页面切换动画方案的选择、效果选项的设置、换片方式的设置。

（2）幻灯片对象的自定义动画方案的选择、效果选项的设置、计时选项的设置。

6.4.1　任务目标

打开演示文稿"数码相机产品展示.pptx"，设置幻灯片页面的切换效果，以及为标题幻灯片中各对象添加不同类型的自定义动画方案，并按实际情况和主题需求设置动画效果。

6.4.2　任务实施

（1）为演示文稿的所有幻灯片设置"中央向上下展开"的"分割"切换效果，并设置切换方式为"单击鼠标时"或"15 秒之后自动切换"。

（2）在标题幻灯片中，按照"光束"→"光影"→"相机"→"标题文字"的顺序使各对象动态呈现。

（3）各对象呈现过程中，当"相机"出现后，"光束"和"光影"均闪烁两次后消失。

（4）标题文字出现前，"相机"向幻灯片页面中心移动。

6.4.3　相关操作与知识

在 PowerPoint 中，幻灯片动画有两种类型："页面切换动画"和"对象的自定义动画"。页面切换动画是指放映幻灯片时幻灯片这个页面进入及离开屏幕时的动画效果；幻灯片对象自定义动画是指为幻灯片中添加的各对象设置动画效果，多种不同的对象动画组合在一起可形成复杂而自然的动画效果。这两种动画都是在幻灯片放映时才能看到并生效。

★ 核心知识 1：设置幻灯片页面的切换效果

STEP 1 选择演示文稿中的第 1 张标题幻灯片，选择【切换】→【切换到此张幻灯片】组，在中间的列表框中选择"分割"选项，如图 6.42 所示。

STEP 2 选择【切换】→【效果选项】组，在中间的列表框中选择"中央向上下展开"选项，如图 6.43 所示。

图 6.42　选择切换动画

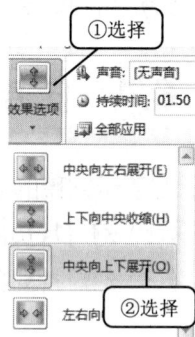

图 6.43　修改切换效果选项

STEP 3 选择【切换】→【计时】组，在"换片方式"栏下单击选中"单击鼠标时"复选框，表示在放映幻灯片时，单击鼠标将进行切换操作；同时，单击选中"设置自动换片时间"复选框，将时间设置为 15 秒，如图 6.44 所示。设置完成后，在放映幻灯片时，从第一个对象的自动动画运行开始 15 秒之后，将结束本幻灯片的播放并自动切换到下一张。

图 6.44　设置换片方式

STEP 4 选择【切换】→【计时】组，单击"全部应用"按钮，将设置的切换效果应用到当前演示文稿的所有幻灯片中，其操作与选择所有幻灯片再设置切换的效果相同。

◎相关知识：

PowerPoint 2010 中提供了多种预设的幻灯片切换动画效果。在默认情况下，上一张幻灯片和下一张幻灯片之间没有设置切换动画效果，但在制作演示文稿的过程中，用户可根据需要为幻灯片添加切换动画。在设置自动换片方式时，自动换片时间包含播放自定义动画的时间，所以需要把"切换"里的自动换片时间设为"动画总时间+停顿时间"。

★ **核心知识 2：设置幻灯片对象的动画效果**

（1）设置进入动画

STEP 1 选择第 1 张幻灯片中的"光束"对象，选择【动画】→【动画】组，在其列表框的"进入"组中选择"擦除"动画效果，如图 6.45 所示。

图 6.45　选择进入效果

◎相关知识：

在 PowerPoint 中幻灯片对象动画比页面切换动画复杂，其类别主要有 4 种。

● 进入动画。进入动画指 PPT 页面里的对象（包括文本、图形、图片、组合及多媒体素材）从无到有、陆续出现的动画效果，是最基本的自定义动画效果。

● 强调动画。强调动画指对象本身已显示在幻灯片之中，然后通过使其形状或颜色发生变化，从而起到强调作用。

● 退出动画。退出动画指对象本身已显示在幻灯片之中，然后以指定的动画效果离开幻灯片，是进入动画的逆过程，即对象从有到无、陆续消失。

● 路径动画。路径动画指对象按用户自己绘制的或系统预设的路径进行移动的动画效果。

STEP 2 选定"光束"，选择【动画】→【动画】组，在"效果选项"的列表框中选择"自右侧"选项。如图 6.46 所示。

STEP 3 选定"光束"，选择【动画】→【计时】组，在"开始"下拉列表框中单击选中"上一动画之后"选项，如图 6.47 所示。

图 6.46　修改动画的效果选项　　　　图 6.47　设置动画计时

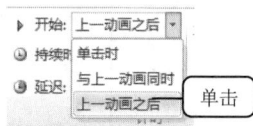

◎相关知识：

选择【动画】→【计时】组，在"开始"下拉列表框中各选项的含义如下："单击时"表示单击鼠标时开始播放动画；"与上一动画同时"表示播放前一动画的同时播放该动画；"上一动画之后"表示前一动画播放完之后，在约定的时间自动播放该动画。

STEP 4 选定"光影"，选择【动画】→【高级动画】组，单击"添加动画"按钮，在打开的下拉列表中选择"更多进入效果"选项。在打开的"添加进入效果"对话框中，选择"细微型"栏的"缩放"选项，单击"确定"按钮，如图 6.48 所示。

STEP 5 选定"光束"，选择【动画】→【计时】组，在"开始"下拉列表框中单击选中"与上一动画同时"选项。

STEP 6 选定"相机"，选择【动画】→【动画】组，在其列表框的"进入"组中选择"淡出"动画效果。

STEP 7 选定"相机"，选择【动画】→【计时】组，在"开始"下拉列表框中单击选中"与上一动画同时"选项。

（2）设置强调动画

STEP 8 选定"光束"，选择【动画】→【高级动画】组，单击"添加动画"按钮，在打开的下拉列表中的"强调"组中选择"脉冲"动画效果。

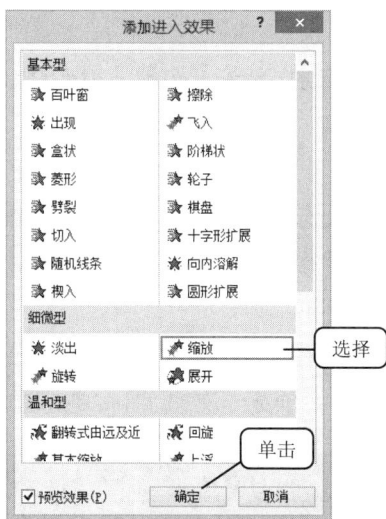

图 6.48　设置更多进入效果

STEP 9 选择【动画】→【高级动画】组，单击"动画窗格"，在弹出的"动画窗格"对话框中选中"光束"强调动画（列表中的第二个"光束"），单击其右侧的下拉按钮，在下拉列表中选择"计时"选项，如图 6.49 所示。

STEP 10 在"脉冲"对话框中选择"开始"方式为"上一动画之后"，并将"重复"值设为"2"，表示该对象将连续执行两次"脉冲"强调效果，如图 6.50 所示。

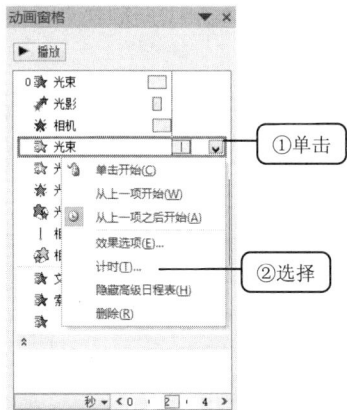

图 6.49　设置动画选项

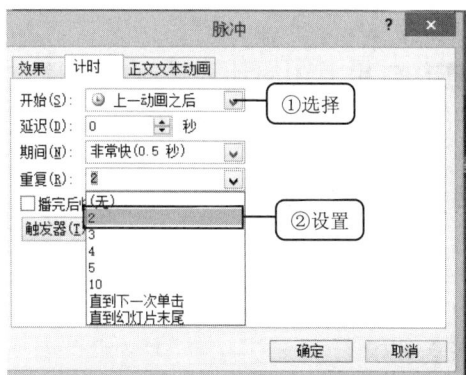

图 6.50　设置动画的重复属性

STEP 11 用与上述相同的方法为"光影"对象设置执行两次"脉冲"强调动画效果，并设置其"开始"方式为"与上一动画同时"。

（3）设置退出动画

STEP 12 选择"光束"对象，选择【动画】→【高级动画】组，单击"添加动画"按钮，在打开的下拉列表中的"退出"组中选择"淡出"动画效果。

STEP 13 选择【动画】→【计时】组，在"开始"下拉列表框中单击选中"上一动画之后"选项。

STEP 14 用与上述相同的方法为"光影"对象设置"淡出"退出动画效果，并设置其"开始"方式为"与上一动画同时"。

（4） 设置路径动画

STEP 15 选择"相机"对象，选择【动画】→【高级动画】组，单击"添加动画"按钮，在打开的下拉列表中的"动作路径"组中选择"自定义路径"动画效果，此时在幻灯片编辑窗格中鼠标指针变为"十"字形。

STEP 16 单击鼠标左键创建路径起点，然后继续按住左键拖拽鼠标，绘制到路径终点后双击结束路径的绘制，此时动画会预览一次，幻灯片中将显示绘制的路径，如图6.51所示。

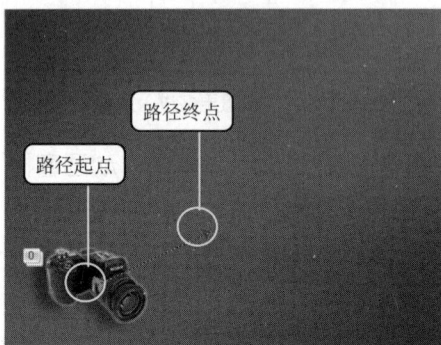

图 6.51　绘制路径

STEP 17 选择【动画】→【计时】组，在"开始"下拉列表框中单击选中"上一动画之后"选项。

STEP 18 应用上述的计入动画的设置方法为标题文字"索尼数码相机展示——DSC-F828型"设置"自左侧"的"切入"效果。

6.4.4　拓展实训

以"家乡文化宣传介绍"为主题制作一个图、文、声并茂的演示文稿。

🔍 **任务要求**

（1）根据主题方向做好演示文稿的文案内容设计。

（2）演示文稿用到的图片、背景音乐等素材由学生自行准备，每张幻灯片的标题和内容都要自己设计，标题和内容必须要与主题相符。

（3）演示文稿中应包含封面、目录、内容主体、封底4个部分，幻灯片篇幅不限。

（4）每张幻灯片至少要有文字、图片对象，也可以有其他的对象，如艺术字、剪贴画和图表等。

（5）每张幻灯片都要有背景，可使用软件自带的设计主题或自行设计。

（6）幻灯片中的各个对象都要设置自定义动画，各个对象均要求在上一对象出现后自动出现，而不需要单击鼠标实现。

（7）幻灯片之间的切换要设置切换效果，并要求用单击鼠标方式切换。

6.5 任务五 设置工作总结演示文稿的放映与打印

在演示文稿的放映与打印设置操作中，应掌握以下几个操作：

（1）幻灯片超链接与动作按钮的设置。

（2）幻灯片放映。

（3）排练计时（知识拓展）。

（4）打包演示文稿。

（5）打印演示文稿。

6.5.1 任务目标

打开演示文稿"个人工作总结.pptx"，为幻灯片设置超链接和动作按钮，实现幻灯片各页面之间的合理跳转，同时按照正确的播放顺序设置自定义放映方案，并通过排练计时功能精确设定每张幻灯片在屏幕上的停留时间，完成演示文稿的打包，同时完成演示文稿的打印。工作总结放映设置效果如图 6.52 所示，最终完成效果详见"PPT547YZ.pdf"。

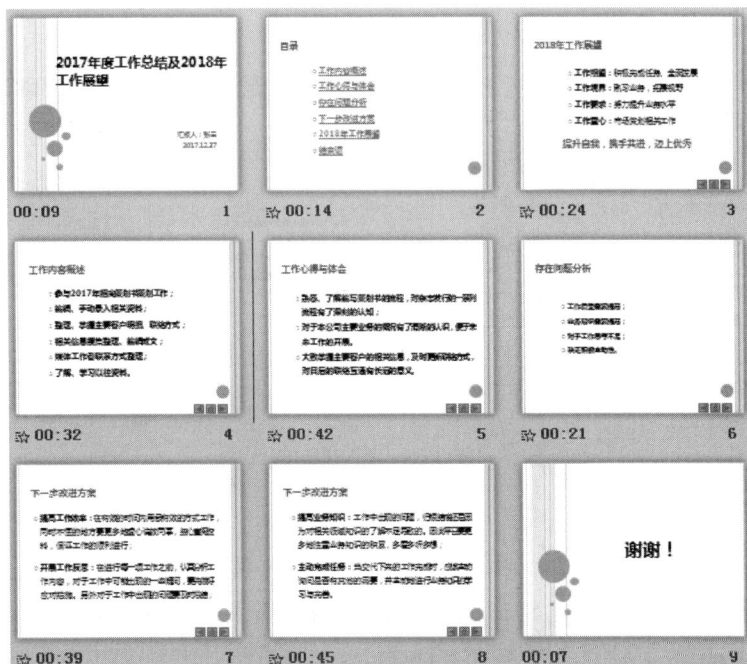

图 6.52 工作总结放映设置效果

6.5.2 任务实施

（1）为目录页面（第 2 张幻灯片）添加文字超链接，实现目录页到正文页（第 3~8 张幻灯片）相应内容页面的跳转，并在正文页面中设置"上一页""下一页""返回目录"的动作按钮。

（2）按照"第 1、2、4、5、6、7、8、3、9 张幻灯片"的播放顺序完成自定义放映设置，并将放映方案的名称命名为"正确放映顺序"。

（3）对演示文稿中各动画进行排练演示。

（4）将制作的演示文稿打包并命名为"总结课件"。

（5）将演示文稿打印出来。

6.5.3 相关操作与知识

★ **核心知识 1：创建幻灯片的超链接**

STEP 1 选中目录幻灯片中的文本"工作内容概述"，选择【插入】→【链接】组，单击"超链接"选项。

STEP 2 在弹出的"插入超链接"对话框中，单击"链接到"列表框中的"本文档中的位置"按钮，在"请选择文档中的位置"列表框中选择要链接到的第 4 张幻灯片，单击"确定"按钮，如图 6.53 所示。

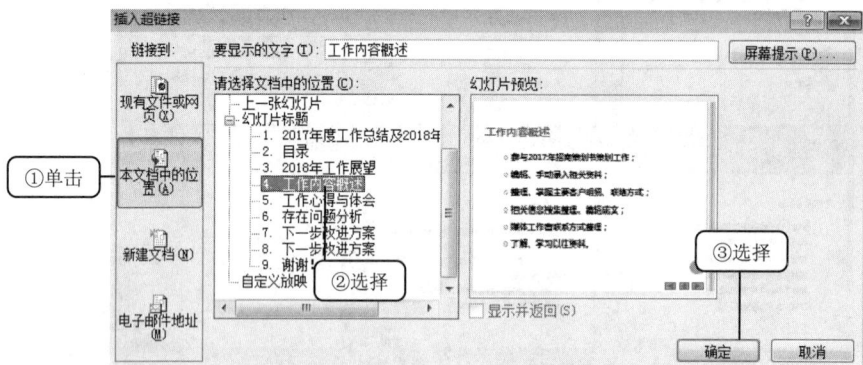

图 6.53 插入超链接

◎相关知识：

"插入超链接"对话框中，"链接到"列表框中的选项说明如下。

• "现有文件或网页"：选择该选项，在右侧选择或输入此超链接要链接到的文件或 Web 页的地址。

• "本文档中的位置"：选择该选项，右侧将列出本演示文稿的所有幻灯片以供选择。

• "新建文档"：选择该选项，系统会显示"新建文档名称"对话框。在"新建文档名称"文本框中输入新建文档的名称。单击"更改"按钮，设置新文档所在的文件夹名，然后在"何时编辑"选项组中设置是否立即开始编辑新文档。

• "电子邮件地址"：选择该选项，系统会显示"电子邮件地址"对话框。在"电子邮件地址"文本框中输入要链接的邮件地址，在"主题"文本框中输入邮件的主题。当用户希望访问者给自己回信，并且将信件发送到自己的电子信箱中去时，就可以创建一个电子邮件地址的超链接了。

STEP 3 返回幻灯片编辑区即可看到设置超链接的文本颜色已发生变化，并且文本下方有下划线。使用相同方法，依次为其他各项目录文本设置超链接。

◎相关知识：

在 PowerPoint 中，链接是指从一张幻灯片到另一张幻灯片、一个网页或一个文件的跳转链接。链接本身可能是文本或对象（例如，图片、图形、形状或艺术字）。表示链接的文本用下划线显示，图片、形状和其他对象的链接没有附加格式。如果要删除整个超链接，请选定包含超链接的文本或图形，然后按【Delete】键，即可删除该超链接以及代表该超链接的文本或图形。

★ **核心知识 2：创建幻灯片的动作按钮**

STEP 1 在幻灯片标签窗格中选中第 3 张幻灯片，选择【插入】→【链接】组，单击"形状"按钮，如图 6.54 所示，在打开的下拉列表中选择"动作按钮"栏的第 5 个选项。

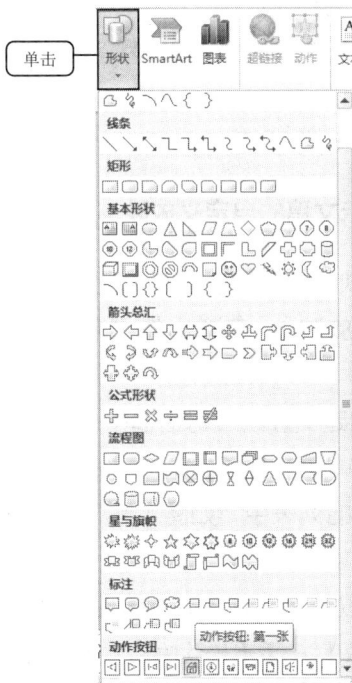

图 6.54　选择动作按钮

STEP 2 此时鼠标指针变为"十"字形，在幻灯片右下角空白位置按住鼠标左键不放拖动鼠标，绘制一个动作按钮。

STEP 3 绘制动作按钮后会自动打开"动作设置"对话框，单击选中"超链接到"单选项，在下方的下拉列表框中选择"幻灯片"选项，如图 6.55 所示。

STEP 4 打开"超链接到幻灯片"对话框，选择第 2 张幻灯片，依次单击"确定"按钮，使本页幻灯片跳转回目录页的超链接生效，如图 6.56 所示。

图 6.55 "动作设置"对话框   图 6.56 "连接到幻灯片"对话框

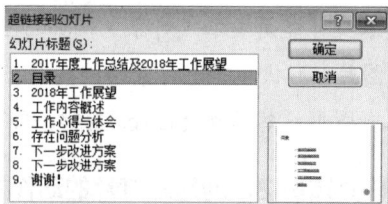

STEP 5 使用同样的方法，选择"动作按钮"栏的第 1 个和第 2 个选项，依次绘制出链接到"上一张"和"下一张"的动作按钮。

STEP 6 调整所绘制的 3 个动作按钮的大小和颜色，并将其放置在幻灯片右下角的空白处。

STEP 7 复制所绘制的 3 个动作按钮，依次粘贴到第 4~8 张幻灯片中。

★ 核心知识 3：设置演示文稿的自定义放映

STEP 1 选择【幻灯片放映】→【开始放映幻灯片】组，单击"自定义放映幻灯片"，在下拉菜单里选择"自定义放映"，在弹出的"自定义放映"对话框中单击"新建"按钮。

STEP 2 在弹出的"定义自定义放映"对话框中，将幻灯片放映名称命名为"正确放映顺序"，并在左窗口按照"第 1、2、4、5、6、7、8、3、9 张幻灯片"的顺序选中各张幻灯片，将其依次添加到右窗口的列表中，如图 6.57 所示。

◎相关知识：

制作演示文稿的最终目的就是要将制作的演示文稿演示给观众，即放映演示文稿。可按【F5】键，或选择【幻灯片放映】→【开始放映幻灯片】组，单击"从头开始"按钮，进入幻灯片放映视图，将从演示文稿的第 1 张幻灯片开始放映，单击鼠标左键依次放映下一个动画或下一张幻灯片。若用户不希望按照原先设计的顺序放映，或需要根据不同的观众选择不同的放映部分，则可根据需要自主定义放映方案。

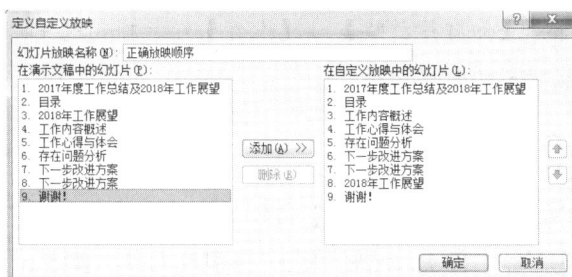

图 6.57　"定义自定义放映"对话框

★ **核心知识 4：设置排练计时**

STEP 1 选择【幻灯片放映】→【设置】组，单击"排练计时"按钮 。进入放映排练状态，同时打开"录制"工具栏自动为该幻灯片计时，如图 6.58 所示。

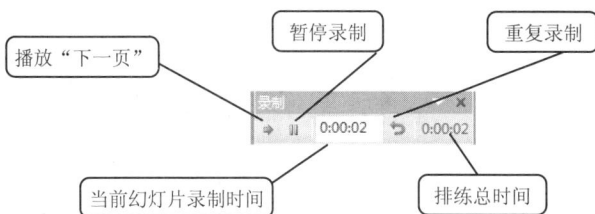

图 6.58　"录制"工具栏

STEP 2 通过单击鼠标左键或按【Enter】键控制幻灯片中下一个动画出现的时间，如果用户确认该幻灯片的播放时间，可直接在"录制"工具栏的时间框中输入时间值。

STEP 3 一张幻灯片播放完成后，单击鼠标左键切换到下一张幻灯片，"录制"工具栏中的时间将从头开始为该张幻灯片的放映进行计时。

STEP 4 放映结束后，弹出提示对话框，提示排练计时时间，并询问是否保留幻灯片的排练时间，单击"是"按钮进行保存，如图 6.59 所示。

图 6.59　排练计时

STEP 5 打开"幻灯片浏览"视图样式，在每张幻灯片的左下角将显示幻灯片的播放时间。

◎相关知识：

针对需要自动放映的演示文稿，可以通过设置排练计时为每一张幻灯片确定适当的放映时间，从而在放映时可根据排练的时间和顺序进行放映。如果不想使用排练好的时间自动放映该幻灯片，可选择【幻灯片放映】→【设置】组，撤销选中"使用计时"复选框，这样在放映幻灯片时就能手动进行切换。

★ 核心知识 5：打包演示文稿

STEP 1 选择【文件】→【保存并发送】命令，在工作界面右侧的"文件类型"栏中选择"将演示文稿打包成 CD"选项，然后单击"打包成 CD"按钮。

STEP 2 在打开的"打包成 CD"对话框中，单击"复制到文件夹"按钮，打开"复制到文件夹"对话框，在"文件夹名称"文本框中输入"总结课件"，在"位置"文本框中选择打包后的文件夹的保存位置，单击"确定"按钮，如图 6.60 所示。

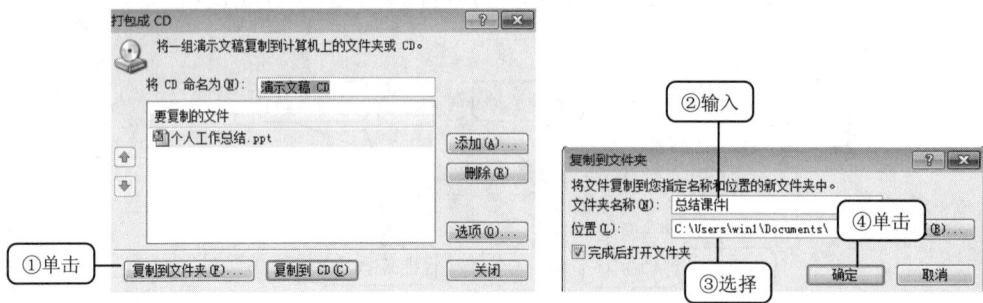

图 6.60 将演示文稿打包成 CD

STEP 3 弹出提示对话框，提示是否保存链接文件，单击"是"按钮，稍作等待后即可将演示文稿打包成文件夹。

> **提示**
> 将制作的演示文稿打包可以将演示文稿所包含的音频和视频等链接文件，连同演示文稿自身一起复制到项目文件夹中，保证在其他没有安装 PowerPoint 2010 的计算机上也能正常播放其中的声音和视频等对象。

★ 核心知识 6：打印演示文稿

STEP 1 选择【文件】→【打印】命令。

STEP 2 在工作界面右侧的"打印设置"栏中设置打印范围为"打印全部幻灯片"选项，打印版式为"4 张水平放置的幻灯片"，打印颜色为"灰度"。设置好各项参数后，可在右侧的预览窗中查看最终打印效果，单击"打印"按钮完成打印，如图 6.61 所示。

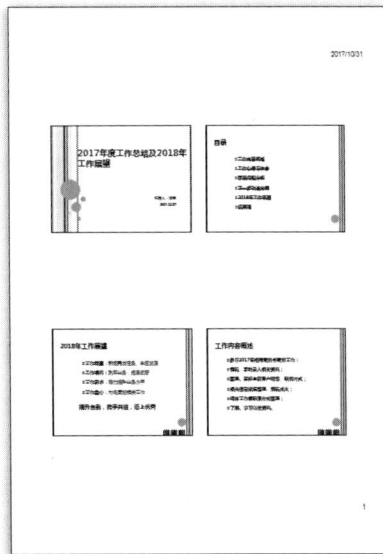

图 6.61　设置打印幻灯片

第7章
计算机网络基础

07

课前导读：

随着信息化技术的不断深入，计算机网络应用成为计算机应用的常用领域。计算机网络是将计算机连入网络，然后共享网络中的资源并进行信息传输。要连入网络必须具备相应的条件。现在最常用的网络是因特网（Internet），它是一个全球性的网络，将全世界的计算机联系在一起，通过这个网络，用户可以实现多种功能。本项目将通过 5 个典型任务，介绍计算机网络的基础知识、Internet 的基础知识，介绍怎样在 Internet 中进行信息浏览、文件下载、邮件收发、即时通信，以及流媒体文件的使用等。

任务描述：

【任务情景】张羽即将入职一家网络公司工作，工作上经常需要与网络接触，这就要求他必须对网络中的硬件设备和软件设备有一定的了解，同时也要熟练掌握 IE 浏览器的使用、搜索信息、上传与下载资源、发送电子邮件、即时通信软件的使用和网上流媒体的使用等。为了让自己能知其然并知其所以然，张羽决定对上述的计算机网络基础知识开展学习。

任务分析：

※ 了解计算机网络的基本概念、功能与分类

※ 认识计算机网络的组成

※ 认识计算机网络的拓扑结构

※ 了解 Internet 基础知识

※ 掌握 Internet 的常用应用

7.1 任务一 了解计算机网络的基本概念、功能与分类

7.1.1 任务目标

本任务要求了解计算机网络的定义，认识计算机网络的功能，了解构成计算机网络的基本要求，以及认识根据不同的分类原则得到各种不同类型的计算机网络。

7.1.2　任务实施

★　核心知识 1：计算机网络的概念

计算机网络是计算机技术和通信技术紧密融合的产物，它涉及通信与计算机两个领域。从资源共享的观点出发，通常将计算机网络定义为以能够相互共享资源的方式连接起来的独立计算机系统的集合。也就是说：将相互独立的计算机系统以通信线路相连接，按照统一的网络协议进行数据通信，从而实现网络资源共享。

从对计算机网络的定义可以看出，构成计算机网络有以下 4 点要求。

（1）计算机相互独立。从分布的地理位置来看，它们是独立的，既可以相距很近，也可以相隔千里；从数据处理功能上来看，它们也是独立的，它们既可以连网工作，也可以脱离网络独立工作；而且连网工作时，也没有明确的主从关系，即网内的一台计算机不能强制性地控制另一台计算机。

（2）通信线路相连接。各计算机系统必须用传输介质和互连设备实现互连，传输介质可以使用双绞线、同轴电缆、光纤和无线电波等。

（3）采用统一的网络协议。全网中各计算机在通信过程中必须共同遵守"全网统一"的通信规则，即网络协议。

（4）资源共享。计算机网络中一台计算机的资源，包括硬件、软件和信息可以提供给全网其他计算机系统共享。

★　核心知识 2：计算机网络的功能

计算机网络的功能包括：

（1）数据通信：计算机之间进行数据传输，实现信息交换。

（2）资源共享：计算机网络用户之间可以共享网络中其他计算机中的软件、硬件和数据资源，为计算机网络最本质的功能。

（3）分布式处理：将不同地点的，或具有不同功能的，或拥有不同数据的多台计算机通过通信网络连接起来，在控制系统的统一管理控制下，协调地完成大规模信息处理任务。

（4）提高系统的安全性和可靠性：网络中的每台计算机都可通过网络相互成为后备机。一旦某台计算机出现故障，它的任务就可由其他的计算机代为完成，这样可以避免在单机情况下，一台计算机发生故障引起整个系统瘫痪的现象，从而提高系统的可靠性；而当网络中的某台计算机负担过重时，网络又可以将新的任务交给较空闲的计算机完成，均衡负载，从而提高了每台计算机的可用性。

★　核心知识 3：计算机网络的分类

计算机网络的种类繁多，性能各不相同，根据不同的分类原则，可以得到各种不同类型的计算机网络。

（1）根据网络的逻辑功能划分，计算机网络分为资源子网和通信子网。资源子网主要用于向网络用户提供各种网络资源和网络服务；通信子网主要用于完成网络中各主机之间的数据传输。

（2）根据网络使用的传输介质，计算机网络分为有线网和无线网。

（3）根据网络的使用性质，计算机网络分为公用网、专用网和虚拟专网（VPN）。

（4）根据网络的使用对象，计算机网络分为企业网、政府网、金融网和校园网等。

（5）根据覆盖的地域范围与规模，计算机网络可以分为 3 类：局域网（Local Area Network，LAN）、城域网（Metropolitan Area Network，MAN）与广域网（Wide Area Network，WAN）。

◎相关知识：

1. 局域网

局域网是目前网络技术发展最快的领域之一。局域网是指在较小的地理范围内（一般不超过几十千米），由有限的通信设备互连起来的计算机网络。局域网的规模相对于城域网和广域网而言较小，常在公司、机关、学校和工厂等有限范围内，将本单位的计算机、终端以及其他的信息处理设备连接起来，以实现办公自动化、信息汇集与发布等功能。

从功能的角度来看，局域网的服务用户个数有限，但是网络中传输速率高（10Mbit/s~10Gbit/s），误码率低，使用费用也低。局域网一般采用广播式或交换式通信。

2. 城域网

城域网所覆盖的地域范围介于局域网和广域网之间，城域网是随着各单位大量局域网的建立而出现的。同一个城市内各个局域网之间需要交换的信息量越来越大，为了解决它们之间信息高速传输的问题，提出了城域网的概念，并为此制定了城域网的标准。一般在一个城市中（几十千米范围内），企业、机关、公司和学校等单位的局域网互连，以满足大量用户之间数据和多媒体信息的传输需要。

3. 广域网

广域网在地域上可以覆盖一个地区、国家，甚至横跨几大洲，因此也称为远程网。目前大家熟知的 Internet 就是一个横跨全球、可供公共商用的广域网络。除此之外，许多大型企业以及跨国公司和组织也建立了属于内部使用的广域网络。广域网可以适应大容量、突发性的通信需求，提供综合业务服务，具备开放的设备接口与规范的协议以及完善的通信服务与网络管理。通常广域网的数据传输速率比局域网低，而信号的传播延迟却比局域网要大得多。广域网的典型速率是从 56kbit/s 到 155Mbit/s。

广域网的通信子网可以利用公用分组交换网、卫星通信网和无线分组交换网，将分布在不同地区的局域网或计算机系统互连起来，达到资源共享的目的。

7.2 任务二 认识计算机网络的组成

7.2.1 任务目标

本任务要求了解计算机网络的基本构成，认识常见的网络硬件、传输介质和网络软件。

7.2.2 任务实施

计算机网络由 3 部分组成：网络硬件、传输介质和网络软件，其组成如图 7.1 所示。

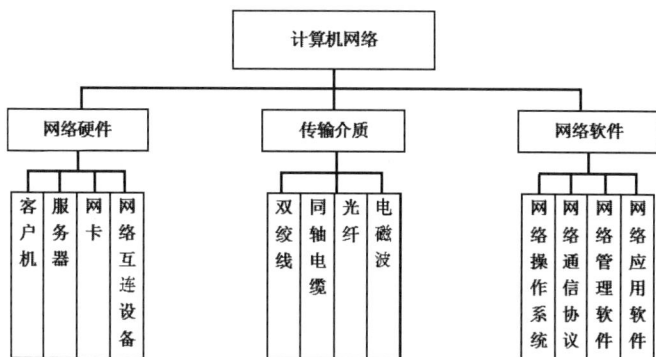

图 7.1 计算机网络的组成

★ **核心知识 1：网络硬件**

要形成一个能进行信号传输的网络，必须有硬件设备的支持。由于网络的类型不一样，使用的硬件设备可能有所差别，总体来说，网络硬件包括客户机、服务器、网卡和网络互连设备。

（1）客户机指用户上网使用的计算机，也可理解为网络工作站、节点机和主机。

（2）服务器是提供某种网络服务的计算机，由运算功能强大的计算机担任。

（3）网卡即网络适配器，是计算机与传输介质连接的接口设备。

（4）网络互连设备包括集线器、中继器、网桥、交换机、路由器、网关等。

◎相关知识：

1. 网卡

网卡的全称是网络接口卡（NIC），用于计算机和传输介质的连接，从而实现信号传输，包括帧的发送与接收、帧的封装与拆封、介质访问控制、数据的编码与解码以及数据缓存的功能等，如图 7.2 所示。网卡是计算机连接到局域网的必备设备，一般分为有线网卡和无线网卡两种。

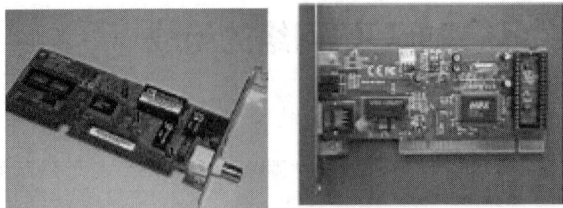

图7.2　各种网卡外观图

2．路由器

路由器（Router，意为"转发者"）是各局域网、广域网连接因特网中的设备，如图 7.3 所示，它会根据信道的情况自动选择和设定路由，以最佳路径，按前后顺序发送信号。由此可见，选择最佳路径的策略是路由器的关键所在，路由器保存着各种传输路径的相关数据——路径表，供选择时使用。路径表可以是由系统管理员固定设置好的，也可以由系统动态修改，可以由路由器自动调整，也可以由主机控制。

3．交换机

交换机（Switch，意为"开关"）是一种用于电信号转发的网络设备，如图 7.4 所示。它可以为接入交换机的任意两个网络节点提供独享的电信号通路，支持端口连接节点之间的多个并发连接（类似于电路中的"并联"效应），从而增加网络带宽，改善局域网的性能。交换机的主要功能包括物理编址、网络拓扑结构、错误校验、帧序列以及流控等。交换机分为以太网交换机、电话语音交换机和光纤交换机等。

图 7.3　路由器

图 7.4　交换机

> **提示**
> 路由器和交换机的主要区别就是交换机发生在 OSI 参考模型第二层（数据链路层），而路由器发生在第三层，即网络层。这一区别决定了路由器和交换机在移动信息的过程中需使用不同的控制信息，所以两者实现各自功能的方式是不同的。

★ 核心知识2：传输介质

传输介质是连接网络中各节点的物理通路。目前，常用的有线网络传输介质有双绞线、同轴电缆、光纤（如图 7.5 所示），无线网中的传输介质是无线电波。常用传输介质分别介绍如下。各传输介质的传输特点与应用如表 7.1 所示。

图 7.5　几种传输介质外观

表 7.1　传输介质的传输特点与应用

类别	介质类型	特点	应用
有线介质	双绞线	成本低，传输距离有限	局域网
	同轴电缆	支持高带宽通信、体积大、成本高	有线电视
	光纤	频带宽、损耗低、重量轻、抗干扰能力强、保真度高、工作性能可靠、成本低	计算机网络的干线，电视、电话等通信系统的远程干线
无线介质	电磁波	抗灾能力强、容量大、通信方便、容易被窃听、容易被干扰	无线局域网、广播、电视、移动通信系统

◎相关知识：

1. 双绞线

双绞线（Twisted Pair，TP）是一种综合布线工程中最常用的传输介质，是由两根具有绝缘保护层的铜导线组成的。把两根绝缘的铜导线按一定密度互相绞在一起［见图 7.6（a）］，每一根导线在传输中辐射出来的电波会被另一根导线上发出的电波抵消，有效降低信号干扰的程度。

根据有无屏蔽层，双绞线分为屏蔽双绞线（Shielded Twisted Pair，STP）与非屏蔽双绞线（Unshielded Twisted Pair，UTP），如图 7.6（b）所示。屏蔽双绞线在双绞线与外层绝缘封套之间有一个金属屏蔽层。屏蔽层可减少辐射，防止信息被窃听，也可阻止外部电磁干扰的进入，使屏蔽双绞线比同类的非屏蔽双绞线具有更高的传输速率。非屏蔽双绞线是一种数据传输线，由四对不同颜色的传输线所组成，广泛用于以太网路和电话线中，具有独立性和灵活性，适用于结构化综合布线。因此，在综合布线系统中，非屏蔽双绞线得到广泛应用。双绞线接头为具有国际标准的 RJ-45 插头（见图 7.7）和插座，一段双绞线的最大长度为 100m，只能连接一台计算机，双绞线的每端需要一个 RJ-45 插件（头或座）。

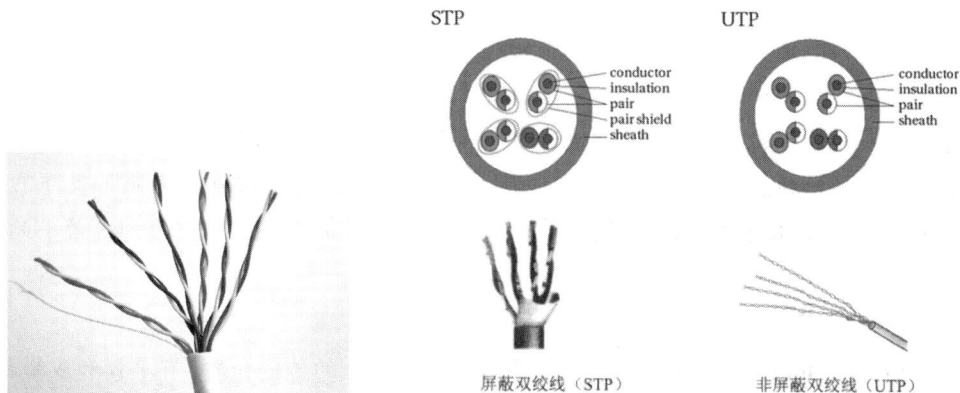

图 7.6（a）　双绞线

图 7.6（b）　屏蔽双绞线和非屏蔽双绞线结构

图 7.7　RJ-45 插头图

在北美乃至全球，在双绞线标准中应用最广的是 ANSI/EIA/TIA-568A 和 ANSI/EIA/TIA-568B。这两个标准最主要的不同就是芯线序列的不同：EIA/TIA 568A 的芯线序列定义依次为绿白、绿、橙白、蓝、蓝白、橙、棕白、棕；EIA/TIA 568B 的芯线序列定义依次为橙白、橙、绿白、蓝、蓝白、绿、棕白、棕，如图 7.8 所示。

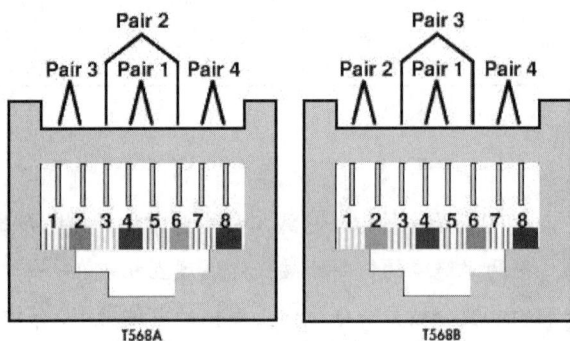

图 7.8　常用两种双绞线标准不同的芯线序列

2．同轴电缆

广泛使用的同轴电缆（coaxial Cable）有两种：一种为 50Ω（指沿电缆导体各点的电磁电压对电流之比）同轴电缆，用于数字信号的传输，即基带同轴电缆；另一种为 75Ω 同轴电缆，用于宽带模拟信号的传输，即宽带同轴电缆。同轴电缆以单根铜线为内芯，外裹一层塑料绝缘材料，外覆密集网状铜质屏蔽，最外面是一层塑料护套。铜质屏蔽层能将磁场反射回中心导体，同时也使中心导体（铜线）免受外界干扰，故同轴电缆比双绞线具有更高的带宽和更好的噪声抑制特性。

现行以太网同轴电缆的接法有两种：直径为 0.4cm 的 RG-11 粗缆采用凿孔接头接法；直径为 0.2cm 的 RG-58 细缆采用 T 形头接法。粗缆要符合 10Base-5 介质标准，使用时需要一个外接收发器和收发器电缆，单根最大标准长度为 500m，可靠性强，最多可接 100 台计算机，两台计算机的最小间距为 2.5m。细缆按 10Base-2 介质标准直接连到网卡的 T 形头连接器（即 BNC 连接器）上，单段最大长度为 185m，最多可接 30 个工作站，最小站间距为 0.5m，如图 7.9 所示。

3．光纤

光纤（Fiber Optic）是利用内部全反射原理来传导光束的传输介质，有单模和多模之分。单模光纤多用于通信业，多模光纤多用于网络布线系统。

护套   纺织的铜屏蔽   塑料绝缘   铜线

速度及吞吐量：10～100Mbit/s
每个节点的平均价：便宜
介质和连接器的大小：中等
电缆最大长度：500m（中等）

BMC 连接器

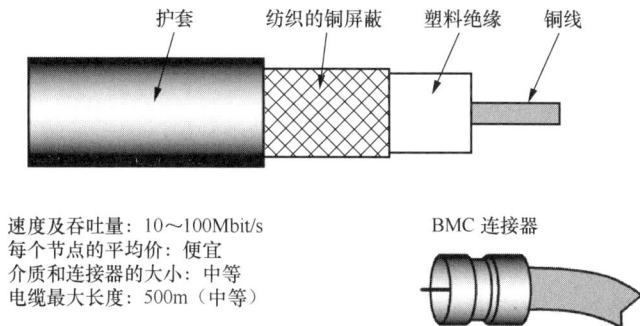

图 7.9　同轴电缆的结构图

光纤为圆柱状，由 3 个同心部分组成——纤芯、包层和涂覆层（如图 7.10 所示）。每一路光纤均包括两根，一根接收，另一根发送。用光纤作为网络介质的 LAN 技术主要是光纤分布式数据接口（Fiber-optic Data Distributed Interface，FDDI）。与同轴电缆比较，光纤可提供极宽的频带且功率损耗小，传输距离长（2km 以上）、传输速率高（可达数千 Mbit/s）、抗干扰性强（不会受到电子监听），是构建安全性网络的理想选择。

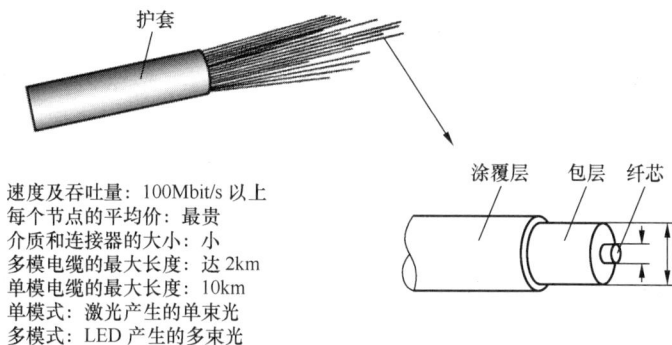

护套

速度及吞吐量：100Mbit/s 以上
每个节点的平均价：最贵
介质和连接器的大小：小
多模电缆的最大长度：达 2km
单模电缆的最大长度：10km
单模式：激光产生的单束光
多模式：LED 产生的多束光

涂覆层   包层   纤芯

图 7.10　光纤的结构图

4．电磁波

通常我们利用电磁波在自由空间的传播可以实现多种无线通信。在自由空间传输的电磁波根据频谱可分为无线电波、微波、红外线、激光等，信息被加载在电磁波上进行传输，传输方式均以电磁波为传输载体，联网方式较为灵活，适合应用在不易布线、覆盖面积大的地方。通过一些硬件的支持，可实现点对点或点对多点的数据或语音通信，通信方式如图 7.11 所示。

★ 核心知识 3：网络软件

与硬件相对的是软件，要在网络中实现资源共享以及一些需要的功能就必须得到软件的支持。网络软件一般是指网络操作系统、网络通信协议和应用级的提供网络服务功能的专用软件，下面分别进行讲解。

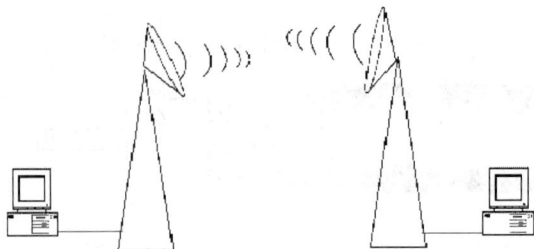

图 7.11　电磁波通信

（1）网络操作系统。网络操作系统用于管理网络软、硬资源，常见的网络操作系统有 UNIX、Netware、Windows NT 和 Linux 等。

（2）网络通信协议。网络通信协议是网络中计算机交换信息时的约定，它规定了计算机在网络中互通信息的规则。互联网采用的协议是 TCP/IP。

（3）提供网络服务功能的专用软件。分为网络管理软件和网络应用软件，该类软件用于提供一些特定的网络服务功能，如文件的上传与下载服务、信息传输服务等。

7.3　任务三　认识计算机网络的拓扑结构

7.3.1　任务目标

本任务要求理解计算机网络拓扑结构的定义，认识常见的计算机网络的拓扑结构，了解各种不同类型的计算机网络拓扑结构的特点。

7.3.2　任务实施

拓扑结构是决定通信网络性质的关键要素之一。计算机网络拓扑结构是指用传输媒体互联各种设备的物理布局，即用什么方式把网络中的计算机等设备连接起来。不同的网络拓扑结构涉及不同的网络技术，对网络性能、系统可靠性与通信费用都有重要的影响。网络拓扑结构分为星型拓扑结构、树型拓扑结构、网状型拓扑结构、总线型拓扑结构和环型拓扑结构，其结构示意图如图 7.12 所示。

★　核心知识：5 种常用的网络拓扑结构

（1）星型拓扑结构。星型拓扑结构中的各节点通过点对点通信线路与中心节点连接。任何两节点之间的数据传输都要经过中心节点的控制和转发。中心节点控制全网的通信。星型拓扑结构简单，易于组建和管理。但中心结点的可靠性是至关重要的，它的故障可能造成整个网络瘫痪。以集线器为中心的局域网是一种最常见的星型网络拓扑结构。

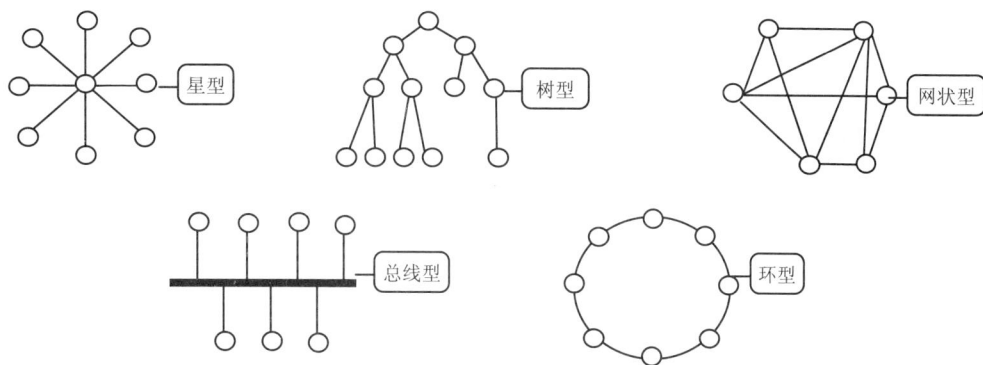

图 7.12　拓扑结构

（2）树型拓扑结构。树型拓扑结构可以看作是星型拓扑的扩展。树型拓扑结构中，节点具有层次。全网中有一个顶层的节点，其余节点按上、下层次进行连接，数据传输主要在上、下层节点之间进行，同层节点之间数据传输时要经上层转发。这种结构的优点是灵活性好，可以逐层扩展网络，但缺点是管理复杂。

（3）网状型拓扑结构。网状型拓扑结构中两节点之间的连接是任意的，特别是任意两节点之间都连接专用链路则可构成全互连型。网状型拓扑结构中两节点之间存在多条路径，因此这种结构的主要优点是系统可靠性高，数据传输快，但是网状型拓扑结构的建网费用高昂，控制复杂，目前常用于广域网中，在主要节点之间实现高速通信。

（4）总线型拓扑结构。网络中所有节点连接到一条共享的传输介质上，所有节点都通过这条公用链路来发送和接收数据，因此，必须有一种控制方法（介质访问控制方法）使得任一时刻只允许一个节点使用链路发送数据，而其余的节点只能"收听"到该数据。

（5）环型拓扑结构。环型拓扑结构中的节点通过点对点通信线路，首尾连接构成闭合环路。数据将沿环中的一个方向逐个节点传送，当一个节点使用链路发送数据时，其余的节点也能先后"收听"到该数据。这里也需要一种介质访问控制方法，使得任一时刻只允许一个节点发送。环型拓扑结构简单，传输时延确定，但环路的维护复杂。

7.4　任务四　了解 Internet 基础知识

7.4.1　任务目标

本任务要求认识 Internet 与万维网，了解 TCP/IP，认识 IP 地址和域名系统，掌握连入 Internet 的各种方法。

7.4.2 任务实施

★ **核心知识1：Internet 与万维网**

Internet（因特网）和万维网是两种不同类型的网络，其功能各不相同。

◎相关知识：

1. Internet

Internet（因特网）俗称互联网，也称国际互联网，它是全球最大、连接能力最强、最开放的由遍布全世界的众多大大小小的网络相互连接而成的计算机网络，是由美国军方的高级研究计划局的阿帕网（ARPAnet）发展起来的。Internet 主要采用 TCP/IP。它使网络上各个计算机可以相互交换各种信息。目前，Internet 通过全球的信息资源和覆盖五大洲的160多个国家的数百万个网点，在网上可以提供数据、电话、广播、出版、软件分发、商业交易、视频会议以及视频节目点播等服务。Internet 为全球范围内提供了极为丰富的信息资源。一旦连接到 Web 节点，就意味着你的计算机已经进入 Internet。

Internet 将全球范围内的网站连接在一起，形成一个资源十分丰富的信息库。Internet 在人们的工作、生活和社会活动中起着越来越重要的作用。

2. 万维网

万维网（World Wide Web，WWW），又称环球信息网、环球网和全球浏览系统等。WWW 起源于位于瑞士日内瓦的欧洲粒子物理实验室。WWW 是一种基于超文本的、方便用户在因特网（Internet）上搜索和浏览信息的信息服务系统，它通过超链接把世界各地不同 Internet 节点上的相关信息有机地组织在一起，用户只需发出检索要求，它就能自动地进行定位并找到相应的检索信息。用户可用 WWW 在 Internet 上浏览、传递和编辑超文本格式的文件。WWW 是 Internet 上最受欢迎、最为流行的信息检索工具，它能把各种类型的信息（文本、图像、声音和影像等）集成起来供用户查询。WWW 为全世界的人们提供了查找和共享知识的手段。

WWW 还具有连接 FTP 和 BBS 等的能力。总之，WWW 的应用和发展已经远远超出网络技术的范畴，影响着新闻、广告、娱乐、电子商务和信息服务等诸多领域。可以说，WWW 的出现是 Internet 应用的一个革命性的里程碑。

★ **核心知识2：TCP/IP**

每个计算机网络都制定了一套全网共同遵守的网络协议，并要求网络中每个主机系统配置相应的协议软件，以确保网络中不同系统之间能够可靠、有效地相互通信和合作。"TCP/IP"是 Internet 最基本的协议，它译为传输控制协议/因特网互连协议，又名网络通信协议，也是 Internet 国际互联网络的基础。

TCP/IP 由网络层的 IP 和传输层的 TCP 组成。它定义了电子设备如何连入因特网，以及数据如何在它们之间传输的标准。

TCP 即传输控制协议，位于传输层，负责向应用层提供面向连接的服务，确保网上发送的数据包可以被完整接收，如果发现传输有问题，则要求重新传输，直到所有数据安全正确地传输到目的地。IP 即网络协议，负责给因特网的每一台联网设备规定一个地址，即常说的 IP 地址。同时，IP 还有另一个重要的功能，即路由选择功能，用于选择从网上一个节点到另一个节点的传输路径。

TCP/IP 共分为 4 层：网络接口层、互连网络层、传输层和应用层，分别介绍如下。

（1）网络接口层（Host-to-Network Layer）。网络接口层用于规定数据包从一个设备的网络层传输到另一个设备的网络层的方法。

（2）互连网络层（Internet Layer）。互连网络层负责提供基本的数据封包传送功能，让每一块数据包都能够到达目的主机，使用 IP、网际网控制报文协议（ICMP）。

（3）传输层（Transport Layer）。传输层用于为两台连网设备之间提供端到端的通信，在这一层有传输控制协议（TCP）和用户数据报协议（UDP）。其中 TCP 是面向连接的协议，它提供可靠的报文传输和对上层应用的连接服务；UDP 是面向无连接的不可靠传输的协议，主要用于不需要 TCP 的排序和流量控制等功能的应用程序。

（4）应用层（Application Layer）。应用层包含所有的高层协议，用于处理特定的应用程序数据，为应用软件提供网络接口，包括文件传输协议（FTP）、电子邮件传输协议（SMTP）、域名服务（DNS）、网上新闻传输协议（NNTP）等。

★ 核心知识 3：IP 地址和域名系统

Internet 上的计算机众多，如何有效地分辨这些计算机，就需要通过 IP 地址和域名来实现。

◎相关知识：

1. IP 地址

IP 地址即网络协议地址。连接在 Internet 上的每台主机都有一个在全世界范围内唯一的 IP 地址。一个 IP 地址由 4 字节（32 bit）组成，通常用小圆点分隔，其中每个字节可用一个十进制数来表示。例如 192.168.1.51 就是一个 IP 地址。

IP 地址通常可分成两部分。第一部分是网络号，第二部分是主机号。

Internet 的 IP 地址可以分为 A、B、C、D 和 E 五类。其中，0~127 为 A 类地址；128~191 为 B 类地址；192~223 为 C 类地址；D 类地址留给 Internet 体系结构委员会使用；E 类地址保留在今后使用。也就是说每个字节的数字由 0~255 的数字组成，大于或小于该数字的 IP 地址都不正确，通过数字所在的区域可判断该 IP 地址的类别。

> **提示**
> 由于网络的迅速发展，已有协议（IPv4）规定的 IP 地址已不能满足用户的需要，IPv6
> 采用 128 位地址长度，几乎可以不受限制地提供地址。在 IPv6 中除解决了地址短缺
> 问题以外，还解决了在 IPv4 中存在的其他问题，如端到端 IP 连接、服务质量（QoS）、
> 安全性、多播、移动性和即插即用等。IPv6 成为新一代的网络协议标准。

2. 域名系统

数字形式的 IP 地址难以记忆，故在实际使用时常采用字符形式来表示 IP 地址，即域名系统（Domain Name System，DNS）。域名系统由若干子域名构成，子域名之间用小圆点来分隔。

域名的层次结构如下：

……三级子域名.二级子域名.顶级子域名

每一级的子域名都由英文字母和数字组成（不超过 63 个字符，并且不区分大小写字母），级别最低的子域名写在最左边，而级别最高的顶级域名则写在最右边。一个完整的域名不超过 255 个字符，其子域级数一般不予限制。

例如，广西大学的 www 服务器的域名是：http://www.gxu.edu.cn/。在这个域名中，顶级域名是 cn（中国），第二级子域名是 edu（教育部门），第三级子域名是 gxu（广西大学），最左边的 www 则表示某台主机名称。

> **提示**
> 在顶级域名之下，二级域名又分为类别域名和行政区域名两类。类别域名共 6 个，包括
> 用于科研机构的 ac，用于工商金融企业的 com，用于教育机构的 edu，用于政府部门
> 的 gov，用于互联网络信息中心和运行中心的 net，用于非盈利组织的 org。而行政区
> 域名有 34 个。

★ 核心知识 4：连入 Internet

用户的计算机要连入 Internet 的方法有多种，一般都是通过联系 Internet 服务提供商（ISP），对方派专人根据当前的情况实际查看、连接后，进行 IP 地址分配、网关及 DNS 设置等，从而实现上网。

目前，总体说来连入 Internet 的方法主要有 ADSL 拨号上网和光纤宽带上网两种，下面进行分别介绍。

（1）ADSL。ADSL（非对称数字用户线路）可直接利用现有的电话线路，通过 ADSL Modem 进行数字信息传输，ADSL 连接理论速率可达到 1~8Mbit/s。它具有速率稳定、带宽独享、语音数据不干扰等优点；适用于家庭、个人等用户的大多数网络应用需求。它可以与普通电话线共存于一条电话线上，接听、拨打电话的同时能进行 ADSL 传输，而又互不影响。

（2）光纤。光纤是目前宽带网络中多种传输媒介中最理想的一种，它具有传输容量大，传输质量好，损耗小，中继距离长等优点。光纤连入 Internet 现在一般有两种，一种是通过光纤接入到小区节点或楼道，再由网线连接到各个共享点上；另一种是"光纤到户"，将光缆一直扩展到每一台计算机终端上。

7.5 任务五 掌握 Internet 的常用应用

7.5.1 任务要求

本任务需要掌握常见的 Internet 操作，包括 IE 浏览器的使用、搜索信息、上传与下载资源、发送电子邮件、即时通信软件的使用和网上流媒体的使用等。

7.5.2 任务实施

在计算机接入 Internet 的情况下完成如下操作：

（1）使用 IE 浏览器打开网易网页，然后进入"旅游"专题，查看其中感兴趣的网页内容，并将相关文字和图片单独保存，同时保存整个网页。

（2）在百度搜索引擎中搜索有关计算机等级考试的相关信息。

（3）浏览 FTP 站点，然后下载需要的内容。

（4）在 ZOL 软件下载网中下载 "搜狗五笔"软件。

（5）在网易网页中申请一个免费的电子邮箱。

（6）使用 QQ 进行消息的发送与接收。

7.5.3 相关操作和知识

★ 核心技能 1：使用 IE 浏览器浏览及保存网页

通过 IE 浏览器可以浏览 Internet 的信息，并实现信息交换的功能。IE 浏览器作为 Windows 操作系统集成的浏览器，拥有浏览网页、保存信息和收藏网页等多种功能。

以下步骤将实现使用 IE 浏览器浏览及保存网页：

STEP 1 双击桌面上的 Internet Explorer 图标 启动 IE 浏览器，在上方的地址栏中输入需打开网页网址的关键部分"www.163.com"，按【Enter】键，IE 系统自动补充剩余部分，并打开该网页。

STEP 2 在网页中列出了很多信息的目录索引，将鼠标指针移动到"旅游"超链接上时，鼠标光标变为 形状，单击鼠标左键，如图 7.13 所示。

图 7.13　打开网页

STEP 3 打开"旅游"专题，在其中滚动鼠标滚轮实现网页的上下移动，在该网页中浏览到自己感兴趣的内容超链接后，再次单击鼠标左键，如图 7.14 所示，将在打开的网页中显示其具体内容，如图 7.15 所示。

图 7.14　单击超链接

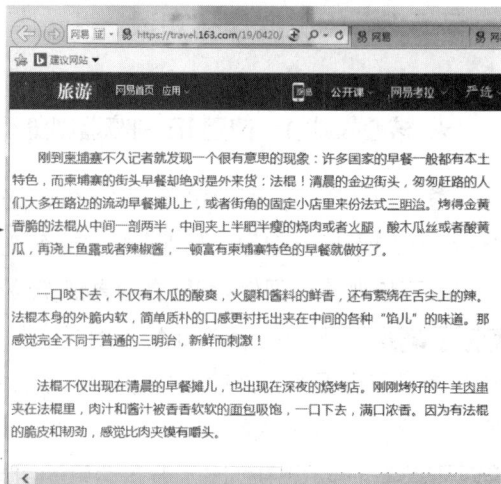

图 7.15　浏览具体内容

◎相关知识：

1. 浏览器

浏览器是用于浏览 Internet 中信息的工具，Internet 中的信息内容繁多，有文字、图像、多媒体，还有连接到其他网址的超链接。通过浏览器，用户可迅速浏览各种信息，并可将用户反馈的信息转换为计算机能够识别的命令。在 Internet 中这些信息一般都集中在 HTML 格式的网页上显示。

浏览器的种类众多，一般常用的有 Internet Explorer（简称 IE 浏览器）、QQ 浏览器、Firefox、Safari，Opera、百度浏览器、搜狗浏览器、360 浏览器、UC 浏览器、傲游浏览器和世界之窗浏览器等。

IE 浏览器是目前主流的浏览器。在 Windows 7 操作系统中双击桌面上的 Internet Explorer 图标 或单击"开始"图标按钮 ，在打开的菜单中选择【所有程序】/【Internet Explorer】命令启动该程序，打开图 7.16 所示的窗口。

图 7.16　IE 浏览器窗口

IE 8.0 界面中的标题栏、前进/后退按钮和状态栏的作用与前面章节中介绍应用程序的窗口类似，下面对 IE 8.0 窗口中的特有部分分别进行介绍。

（1）地址栏。地址栏用来显示用户当前所打开网页的地址，也就是常说的网站的网址，单击地址栏右边的 按钮，在打开的下拉列表中可以快速打开曾经访问过的网址。单击地址栏右侧的"刷新"按钮 ，浏览器将重新从网上下载当前网页的内容；单击"停止"按钮 可以停止对当前网页的下载。

（2）搜索列表框。搜索列表框用于在默认搜索网站查找相关内容，在该列表框中输入要搜索的内容后，按【Enter】键或单击"搜索"按钮 即可。单击其后的下拉按钮 ，可在打开的下拉列表中对搜索选项进行详细设置。

（3）网页选项卡。通过网页选项卡可以使用户在单个浏览器窗口中查看多个网页，即当打开多个网页时，通过单击不同的选项卡可以快速在打开的网页间进行切换。

（4）工具栏。工具栏中包含浏览网页时所需的常用工具按钮，通过单击相应的按钮可以快速对浏览的网页进行相应的设置或操作。

（5）网页浏览窗口。所有的网页文字、图片、声音和视频等信息都显示在网页浏览窗口。

2. URL

URL 即网页地址，简称网址，是 Internet 上标准的资源的地址。一个完整的 URL 地址由"协议名称""服务器名称或 IP 地址""路径和文件名"组成，下面分别进行介绍。

（1）协议名称。协议名称用于命令浏览器如何处理将要打开的文件。最常用的模式是超文本传输协议（即 HTTP），除此之外还有 HTTPS、FTP 等。

（2）服务器名称或 IP 地址。服务器名称或 IP 地址用于指定指向的位置，后面有时还跟一个冒号和一个端口号。

（3）路径和文件名。路径和文件名用于到达指定的地址后打开的文件或文件夹，各具体路径之间用斜线（/）分隔。

3. 超链接

超链接是超级链接的简称，网页中包含的信息众多，这些信息不可能在一个页面中全部显示出来，此时就出现了超链接。超链接是指从一个网页指向一个目标的连接关系，这个目标可以是另一个网页，也可以是相同网页上的不同位置，还可以是一张图片，一个电子邮件地址，一个文件，甚至是一个应用程序。而在一个网页中用来超链接的对象，可以是一段文本或者是一张图片。在一些较大型的综合网站中，首页一般都是超链接的集合，单击这些超链接，才能一步步指定具体可以阅读的网页内容。

STEP 4 当用户浏览到的网页有自己需要的内容时，可将其长期保存在计算机中，以备随时调用。打开一个需要保存资料的网页，使用鼠标选择需要保存的文字，在选择的文字区域中单击鼠标右键，在弹出的快捷菜单中选择"复制"命令或按【Ctrl+C】组合键。

STEP 5 启动记事本程序或 Word 软件，选择【编辑】/【粘贴】命令或按【Ctrl+V】组合键，将复制的文字粘贴到该软件中。

STEP 6 选择【文件】/【保存】命令，在打开的对话框中进行设置后，将文档保存在计算机中。

STEP 7 在需要保存的图片上单击鼠标右键，在弹出的快捷菜单中选择"图片另存为"命令，打开"保存图片"对话框。

STEP 8 在"保存为"下拉列表框中选择图片的保存位置，在"文件名"文本框中输入要保存图片的名称，这里输入"柬埔寨"，单击 保存(S) 按钮，将图片保存在计算机中，如图 7.17 所示。

STEP 9 在当前打开的网页的工具栏中单击 页面(P) ▾ 按钮，在打开的下拉列表中选择"另存为"选项，打开"保存网页"对话框，选择保存网页的地址，设置名称，在"保存类型"下拉列表框中选择"网页，全部"选项，单击 保存(S) 按钮，系统将显示保存进度，保存完后即可在所保存的文件夹内找到该网页文件。

图 7.17　保存图片

> **提 示** 保存网页后，在网页的保存位置，将有一个网页文件和与网页文件同名的文件夹，双击
> 网页文件，可快速打开该网页进行浏览。文件夹中保存了该网页中的所有图片和视频。

★ 核心技能 2：使用搜索引擎搜索资源

搜索引擎是专门用来查询信息的网站，这些网站可以提供全面的信息查询。目前，常用的搜索引擎有百度、搜狗、必应、360 搜索以及搜搜等。

以下步骤将实现在百度搜索引擎中搜索有关计算机等级考试的信息。

STEP 1 在地址栏输入"http://www.baidu.com"，按【Enter】键打开"百度"网站首页。

STEP 2 在文本框中输入搜索的关键字"计算机等级考试"，单击 百度一下 按钮，如图 7.18 所示。

STEP 3 在打开的网页中列出搜索结果，如图 7.19 所示，单击任意一个超链接即可在打开的网页中查看具体内容。

> **提 示** 在搜索引擎网页的上方单击不同的超链接可在对应的内容下搜索信息，如搜索视频信息
> 和搜索地图信息等，从而可帮助用户更加精确地搜索到需要的信息。

★ 核心技能 3：使用 FTP 上传与下载

FTP 是文件传输协议，在实际使用中，我们可以通过 IE 浏览器访问 FTP 站点，然后

浏览其中的内容，根据需要用户可对 FTP 站点中的内容进行上传与下载。

图 7.18　输入关键字

图 7.19　搜索结果

以下步骤将实现浏览 FTP 站点并下载所需要的内容。

STEP 1 启动 IE 浏览器，在地址栏输入 FTP 站点地址"ftp.sjtu.edu.cn"，按【Enter】键，自动补全 FTP 站点地址，打开对应的页面，如图 7.20 所示。

STEP 2 依次单击需要查看内容的各项超链接，可在打开的页面中详细查看，在需要下载的超链接上单击鼠标右键，在弹出的快捷菜单中选择"目标另存为"命令。

STEP 3 打开"另存为"对话框，当设置保存的位置和名称后，单击 保存(S) 按钮，如图 7.21 所示。

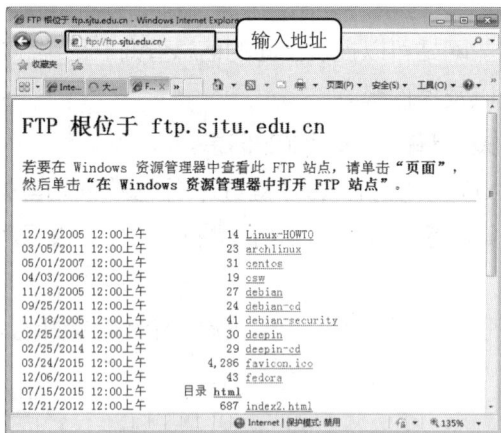

图 7.20　打开 FTP 站点

图 7.21　下载站点内容

提示　一般使用 FTP 上传和下载资源，都会使用专门的软件来完成，从而提高上传与下载速度。
常用的软件有 FlashFXP、8UFTP、CuteFTP 和 SmartFTP 等。

◎相关知识：

文件传输协议（File Transfer Protocol，FTP）可将一个文件从一台计算机传送到另一台计算机，而不管这两台计算机使用的操作系统是否相同，相隔的距离有多远。

在使用 FTP 的过程中，经常会遇到两个概念即"下载"（Download）和"上传"（Upload）。"下载"就是将文件从远程计算机复制到本地计算机上；"上传"就是将文件从本地计算机复制到远程主机上。用 Internet 语言来说，用户可通过客户机程序向（从）远程主机上传（下载）文件。

> **提示**
> 使用 FTP 时必须先登录，在远程主机上获得相应的权限以后，才能下载或上传文件，这就要求用户必须有对应的账户和密码，这样操作虽然安全，但却不太方便使用，通常使用账号"anonymous"，密码为任意的字符串，也可以实现上传和下载功能，这个账号即为匿名 FTP。

★ 核心技能 4：收发电子邮件

电子邮件的应用领域广泛，用户根据需要可以在网页上收发电子邮件，也可以使用专门的软件——Outlook 收发电子邮件。要使用电子邮件进行信息交流，首先应申请一个电子邮箱。提供电子邮件服务的网站很多，在这些网站中都可以申请一个电子邮箱。

1. 申请电子邮箱

以下步骤将实现在网易网页中申请一个免费的电子邮箱。

STEP 1 在 IE 浏览器中输入网页邮箱的网址"mail.163.com"，按【Enter】键打开"网易邮箱"网站首页，单击其中的 注册 按钮。

STEP 2 打开注册网页，根据提示输入电子邮箱的地址、密码和验证码等信息，单击 立即注册 按钮，如图 7.22 所示，将在打开的网页中提示注册成功。

◎相关知识：

电子邮件是日常生活和工作中频繁使用的工具，电子邮件也称 E-mail，是一种通过网络在相互独立的地址之间实现传送和接收消息与文件的现代化通信手段。相对于传统的通信方式来说，电子邮件不仅可以传送文本，还可以传送声音、视频和图像等多种类型的文件。

（1）认识电子邮箱地址。

电子邮箱是存放和管理电子邮件的场所，每个电子邮箱都具有一个唯一的地址，从而保证了每封电子邮件可以准确到达。电子邮箱的格式是 user@mail.server.name，其中，user 是用户账号，mail.server.name 是电子邮件服务器名，@符号用于连接前后两部分。如一个邮箱地址为 hello@163.com，则其中 hello 是用户的账号，163.com 是电子邮件服务器，它表示在电子邮件服务器 163.com 上的账号为 hello 的电子邮箱。

图 7.22　输入注册信息

（2）电子邮件的专用名词。

在撰写电子邮件的过程中，经常会使用一些专用名词，如收件人、抄送、暗送、主题、附件和正文等，其含义如下。

① 收件人。收件人指邮件的接收者，用于输入收信人的邮箱地址。

② 主题。主题指信件的主题，即这封信的名称。

③ 抄送。抄送指用于输入同时接收该封邮件的其他人的地址。在抄送方式下，收件人知道发件人还将该邮件抄送给其他人。

④ 密件抄送。密件抄送指用户给收件人发出邮件的同时又将该邮件暗中发送给其他人，与抄送不同的是收件人并不知道发件人还将该邮件发送给了其他人。

⑤ 附件。附件指随同邮件一起发送的附加文件，附件可以是各种形式的单个文件。

⑥ 正文。正文指电子邮件的主体部分，即邮件的详细内容。

2. 使用 Outlook 收发电子邮件

Outlook 是 Office 2010 的组件之一，它作为办公综合管理软件，可以实现日程管理和收发电子邮件等功能。

以下步骤将实现在 Outlook 中配置一个电子邮箱，然后使用该邮箱发送和接收电子邮件。

STEP 1 选择【开始】/【所有程序】/【Microsoft Office】/【Microsoft Outlook 2010】命令，启动该软件，由于是第一次启动，将打开账户配置向导对话框，单击 下一步(N) > 按钮。

STEP 2 在打开的对话框中会提示是否进行电子邮箱配置，单击选中"是"单选项，

单击 下一步(N) > 按钮。

STEP 3 打开"自动账户设置"对话框，单击选中"手动配置服务器设置或其他服务器类型"单选项，单击 下一步(N) > 按钮。

STEP 4 在打开的对话框中单击选中"Internet 电子邮件"单选项，单击 下一步(N) > 按钮。

STEP 5 在打开的对话框中按要求输入用户姓名、电子邮件地址、接收邮件和发送邮件服务器地址、登录密码等信息，单击 下一步(N) > 按钮，如图 7.23 所示。

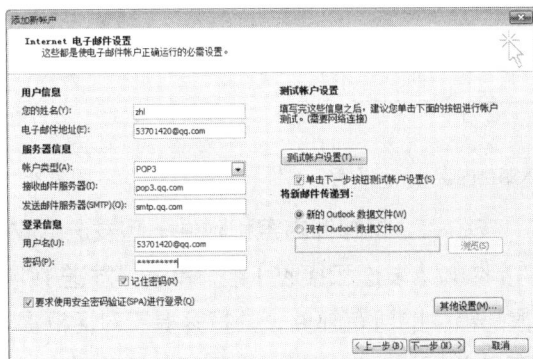

图 7.23　Internet 电子邮件设置

STEP 6 Outlook 自动连接用户的电子邮箱服务器进行账户的配置，稍候片刻将打开提示对话框提示配置成功，并打开 Outlook 窗口，如图 7.24 所示。

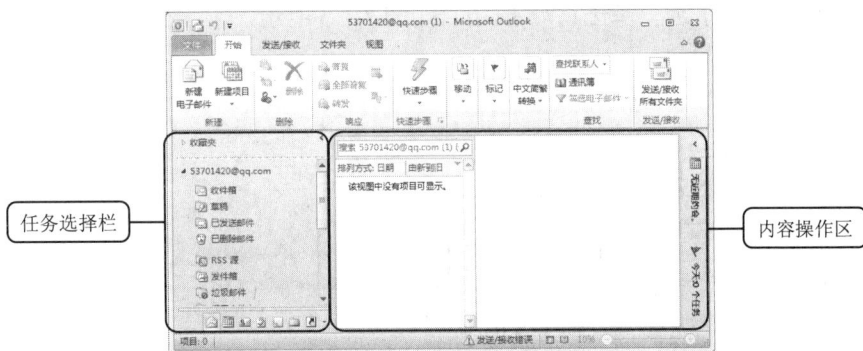

图 7.24　Outlook 窗口

> **提示** 如果按照该操作，电子邮箱仍然不能配置成功，则可能是电子邮箱没有开启 POP3 和 SMTP 服务，此时可进入电子邮箱对应的网页，在对应的设置网页中进行开启操作。

STEP 7 选择【开始】/【新建】组，单击"新建电子邮件"按钮，打开新建邮件窗口。

STEP 8 在"收件人"和"抄送"文本框中输入接收邮件的用户电子邮箱地址，在"主题"文本框中输入邮件的标题，在下方的窗口中输入邮件的正文内容。

STEP 9 选择【邮件】/【添加】组，单击"添加文件"按钮，如图 7.25 所示。

STEP 10 打开"插入文件"对话框，在其中选择附件文件，单击 插入(S) 按钮，如图7.26所示。

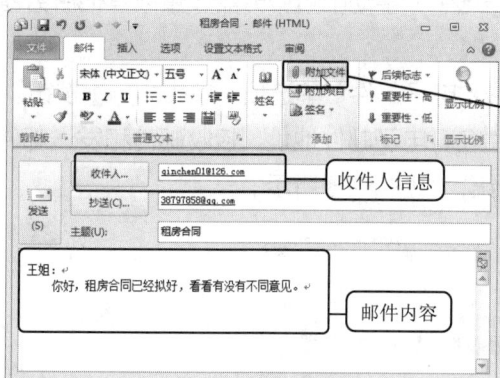

图7.25 输入邮件内容

图7.26 插入附件

STEP 11 单击"发送"按钮，将邮件内容和附件一起发送给收件人和抄送人。

STEP 12 选择【发送/接收】/【发送和接收】组，单击"发送/接收所有文件夹"按钮，Outlook将开始接收配置邮箱中的所有邮件，并打开提示对话框提示接收进度。

STEP 13 接收完成后自动关闭进度对话框，选择Outlook窗口左侧的"收件箱"选项，在中间的窗格中将显示所有已收到的电子邮件，单击一个需要阅读的电子邮件标题，将在右侧的窗格中显示该电子邮件的内容，如图7.27所示。

STEP 14 双击电子邮件标题，将在打开的窗口中显示电子邮件的详细内容，阅读完之后，选择【邮件】/【响应】组，单击答复按钮，如图7.28所示。

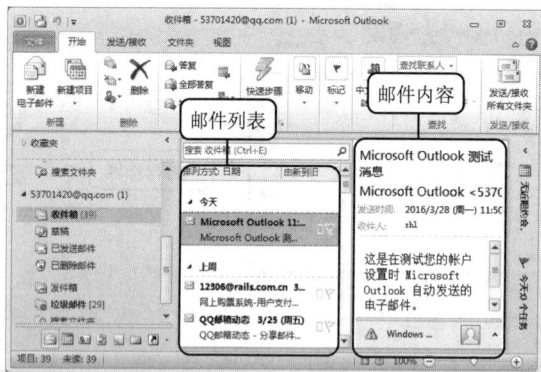

图7.27 预览电子邮件

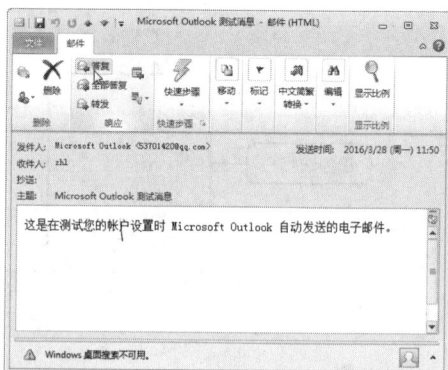

图7.28 详细阅读电子邮件

STEP 15 在打开的窗口中将自动填写收件人电子邮箱地址，输入回复邮件的内容后，单击"发送"按钮。

提示

阅读一封电子邮件后，若发现该电子邮件的内容应该让其他人知道，可选择【邮件】/【响应】组，单击"转发"按钮，在打开的窗口中将自动提取原电子邮件的所有内容，用户输入接收该电子邮件的电子邮箱地址，即可快速将其发送给对方。

★ **核心技能 5：即时通信**

即时通信顾名思义即"信息的即时发送与接收"，要实现即时通信，应通过一些专用软件，其中 QQ 就是其中之一。

以下步骤将实现使用 QQ 进行消息的发送与接收。

STEP 1 选择【开始】/【所有程序】/【腾讯软件】/【腾讯 QQ】命令，启动腾讯 QQ 软件，打开登录窗口，输入 QQ 号码和密码后单击 <u>登录</u> 按钮，如图 7.29 所示。

STEP 2 打开 QQ 窗口，在窗口中双击某个需要即时通信的对象，如图 7.30 所示。

图 7.29　输入登录信息

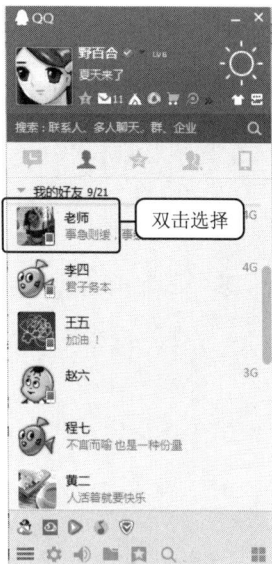

图 7.30　选择通信对象

STEP 3 打开即时通信窗口，在窗口下方输入通信内容，单击 <u>发送(S)</u> ▼ 按钮，如图 7.31 所示。

STEP 4 此时对方将收到消息，对方回复信息后，状态栏的 QQ 图标将不停闪烁，双击该 QQ 图标，将打开聊天窗口，上方显示了对方回应的通信内容，如图 7.32 所示。

> **提示** 如果没有 QQ 账号，需要先注册，在登录窗口中单击"注册账号"超链接，在打开的网页中根据提示即可进行注册。新注册的账号中没有任何其他用户，此时可在 QQ 窗口中单击下方的 🔍 查找 按钮，然后在打开的窗口中输入对方注册的 QQ 昵称或 QQ 号码进行添加。

图 7.31　输入通信内容

消息查看

图 7.32　查看回复信息